U0396953

物候学

竺可桢　宛敏渭　著

华东师范大学出版社

图书在版编目（CIP）数据

物候学／竺可桢，宛敏渭著．—上海：华东师范
大学出版社，2021
ISBN 978 – 7 – 5760 – 1963 – 6

Ⅰ.①物… Ⅱ.①竺… ②宛… Ⅲ.①物候学 – 普及
读物 Ⅳ.①Q142.2 – 49

中国版本图书馆 CIP 数据核字（2021）第 128192

物候学

著　者	竺可桢　宛敏渭
责任编辑	乔　健
特约编辑	邱承辉
责任校对	周　璇　时东明
装帧设计	吕彦秋

出版发行　华东师范大学出版社
社　　址　上海市中山北路 3663 号　邮编 200062
网　　址　www. ecnupress. com. cn
电　　话　021 – 60821666　行政传真　021 – 62572105
客服电话　021 – 62865537
门市（邮购）电话　021 – 62869887
地　　址　上海市中山北路 3663 号华东师范大学校内先锋路口
网　　店　http://hdsdcbs. tmall. com

印 刷 者	三河市中晟雅豪印务有限公司
开　　本	880 × 1230　32 开
印　　张	5
字　　数	112 千字
版　　次	2022 年 3 月第 1 版
印　　次	2022 年 3 月第 1 次印刷
书　　号	ISBN 978 – 7 – 5760 – 1963 – 6
定　　价	25.00

出 版 人　王　焰

（如发现本版图书有印订质量问题，请寄回本社市场部调换或电话 021 – 62865537 联系）

物 候 学

目 录
Contents

一、什么是物候学

　　物候学主要是研究自然界的植物（包括农作物）、动物和环境条件（气候、水文、土壤条件）的周期变化之间相互关系的科学。它的目的是认识自然季节现象变化的规律，以服务于农业生产和科学研究。

　　物候学和气候学相似，都是观测各个地方、各个区域、春夏秋冬四季变化的科学，都是带地方性的科学。物候学和气候学可说是姊妹行。所不同的，气候学是观测和记录一个地方的冷暖晴雨，风云变化，而推求其原因和趋向；物候学则是记录一年中植物的生长荣枯，动物的来往生育，从而了解气候变化和它对动植物的影响。观测气候是记录当时当地的天气，如某地某天刮风，某时下雨，早晨多冷，下午多热等。而物候记录如杨柳绿，桃花开，燕始来等，则不仅反映当时的天气，而且反映了过去一个时期内天气的积累。如1962年初春，北京天气比往年冷一点，山桃、杏树、紫丁香都延迟开花。从物候的记录可以知季节的早晚，所以物候学也称为生物气候学。

我国最早的物候记载，见于《诗经·豳风·七月》一篇里，如说："四月里葽草开了花，五月里蝉振膜发声。"① 又如说 "八月里枣子熟了可以打下来，十月里稻子黄了可以收割"② 等，那完全是老农经验的记载。到春秋时代，已经有了每逢节气的日子记录物候和天气的传统，③ 而且已经知道燕子在春分前后来，在秋分前后离去。④《管子》中已有 "大暑、中暑、小暑（《幼官篇》）"，"大寒、中寒、始寒（《幼官图》）" 和 "冬至、夏至、春至（分）、秋至（分）（《轻重己篇》）" 等名称。又说到关于节候反常的现象——"春行冬政则雕……行夏政则欲（《四时篇》）" 以及节候与农时的关系——"夏至而麦熟，秋始而黍熟（《轻重己篇》）" 等，为古书中较早说到节候的。其他《夏小正》、《吕氏春秋·十二纪》各纪的首篇、《淮南子·时则训》、《礼记·月令》等书中，更有依节气而安排的物候历。寻其演变源流，各节有关这方面记述，实来源于管子之言而有所增益，汉代郑玄为《礼记》作注，已于目录明说《月令》出自《吕氏春秋》，⑤ 清陈澧说："《吕氏春秋》虽不韦之客所作，其说则出于管子。" 郭沫若也说："《管子·幼官篇·幼官图》为《吕氏春秋》十二纪的刍形。"⑥ 唐杜佑《通典》更直截了当说 "月令出于管子"。自管子创始汇集劳动人民在这方面的经验，后来逐渐发展，遂成为周、秦时代遗留下来比较完整的一个物候历。如在《礼记·月令》二月条下，列举了下述的物候："这时太阳走进了二十八宿中的奎宿，天气慢慢地和暖起来，每当晴朗天气，可以见到美丽的桃花盛放，听到悦耳的仓庚鸟歌唱。一旦有不测风云，也不一定下雪而会下雨。到了春分节前后，昼和夜一样长，年年见到的老朋友——燕子，也从南方回来了。燕子回来的那天，皇帝还得亲自到庙里进香。在冬天消声绝迹的雷电也重新振作起来；匿伏在土中、屋角的昆虫，也苏醒过来，向户外跑的跑、飞的飞地出来了。这时候，农民应该忙碌起来，把农具和房子修理好，国家不能多派差事给农民，免得妨碍农田的耕作。"⑦这是两千多年以前，黄河流域初春时物候的概述。

我们从这些材料可以知道，古代之所以积累物候知识，一方面是为了维护奴隶主和封建主的统治，但主要是为了指挥奴隶或农奴劳动。如《淮南子·主术训》篇所讲的，"听见蛤蟆叫，看见燕子来，就要农奴去修路。等秋天叶落时要去伐木"。⑧

或许有人要问：自从16、17世纪温度表、气压表发明以后，气温、气压可以凭科学仪器来测量；再加以18、19世纪以后，各种气象仪器的逐步改进，直到近来，雷达和火箭、人造地球卫星在气象观测上的广泛应用，气候学已有迅速的进步。但是，物候学直到如今还是靠人的两目所能见到和两耳所能听到的做记载，这还能起什么作用呢！

我们要知道，物候这门知识，是为农业生产服务而产生的，在今天对于农业生产还有很大作用。它依据的是比仪器复杂得多的生物。各项气象仪器虽能比较精密地测量当时的气候要素，但对于季节的迟早尚无法直接表示出来。举例来说：1962年春季，华北地区的气候比较寒冷，但是五一节那天早晨，北京的温度记录却比前一年和前二年同一天早晨的温度高摄氏两三度之多。因此，不拿一个时期之内的温度记录来分析，就说明不了问题。如果从物候来看，就容易看出来。1962年北京的山桃、杏树、紫丁香和五一节前后开花的洋槐的花期都延迟了，比1961年迟了10天左右，比1960年迟五六天，如图2（北京春季物候现象变化曲线图，本书95页）中所示。我们只要知道物候，就会知道这年北京农业季节是推迟了，农事也就应该相应地推迟。可是1962年北京地区部分农村，在春初种花生等作物时，仍旧照前两年的日期进行，结果受了低温的损害。若能注意当年物候延迟的情况，预先布置，就不会遭受损失了。

另外，把过去一个时期内各天的平均温度加起来，成为一季度或一个月的积温，也可以比较各年季节冷暖之差，但是，还看不出究竟温度要积到多少度才对植物发生某种影响，才适合播种。如不经过农事实验，这类积温数字对指导农业生产意义还是不大。物候的数据是从活的生物身上得来，用来指导农事活动就很直接，而且方法简单，农民很易接受。物候对于农业的重要性就在于此。

从图2可以了解：由北京每年春初北海冰融时期的迟早，可以断定那一年四五月间各类植物如桃、杏、紫丁香、洋槐开花的迟早。换言之，即北海冰融早，则春末夏初各类花也开得早；北海冰融迟，则各类花卉开放也延迟。农时的迟早是随植物开花结果时期而定的。因此，从北京春初北海冰融的迟早，就可以断定那年北京农时的迟早，其他地区也可类推。

注释

① 《诗经·豳风·七月》第四章："四月秀葽，五月鸣蜩。"

② 《诗经·豳风·七月》第六章："八月剥枣，十月获稻。"

③ 《左传》僖公五年："公既视朔，遂登观台以望，而书，礼也。凡分、至、启、闭，必书云物，为备故也。"

④ 《左传》昭公十七年："玄鸟氏，司分者也。"注："玄鸟，燕也。"

疏："此鸟以春分来，秋分去。"

⑤《礼记正义·月令》孔颖达疏："按郑目录云……本《吕氏春秋》十二月纪之首章也，以礼家好事者抄合之。言周公所作，其中官名时事多不合周法。"

⑥郭沫若、闻一多、许维遹撰：《管子集校》第105页，1956年，科学出版社出版。

⑦《礼记·月令》："仲春之月，日在奎……始雨水，桃始华，仓庚鸣……玄鸟至。至之日，以太牢祠于高禖，天子亲往……日夜分，雷乃发声，始电。蛰虫咸动，启户始出……耕者少舍，乃修阖扇，寝庙毕备。毋作大事，以妨农之事。"

⑧《淮南子·主术训》："蛤蟆鸣，燕降。而达路除道……昴中则收敛畜积，伐薪木。"

二、中国古代的物候知识

　　物候之名称，来源甚早。《左传》中即有每逢二至二分等节日，必须记下云物的记载的说法。唐代中叶诗人元稹在湖北玉泉道中所作诗有句云："楚俗物候晚，孟冬才有霜。"①古人把见霜、下雪、结冰、打雷等统称为物候。物候学与气候学虽可称为姊妹学科，但物候的观测要比气候早得多。在 16、17 世纪温度表与气压表发明以前，世人不知有所谓"大气"，所以无所谓"气候"。中国古代以五日为一候，三候为一气。

　　我国古代物候知识起源于周、秦时代，目的是为了指挥奴隶适时从事农业生产。我国从春秋、战国以来，一直重视农业活动的适时。《管子·臣乘马》篇除说"使农夫寒耕暑耘"外，并具体指出："冬至后 60 天（即雨水节）向阳处土壤化冻，又 15 天（即惊蛰节）向阴处土壤化冻，完全化冻后就要种稷，春事要在 25 天之内完毕。"②《吕氏春秋》一书，杂有农家的话，《上农》等篇就是谈农业的。它在《十二纪》各纪的篇首曾因袭《管子》，又汇集了劳动人民有关这方面的经验，编为 12 个月的物候。其后这些节气和物候的知识，更被辗转抄入《淮南子·时则训》和《礼记·月令》等篇。

但是这种书本物候知识，还是要靠劳动人民的实践，即从生产斗争中得来。华北一带农民有一种口传的九九歌：

> 一九二九不出手，
> 三九四九冰上走，
> 五九六九沿河看柳，
> 七九河开，八九雁来，
> 九九加一九，耕牛遍地走。

这里所谓不出手，冰上走，沿河看柳，河开，雁来，统是物候。就是从人的冷暖感觉，江河的冰冻，柳树的发青，鸿雁的北飞，来定季节的节奏，寒暑的循环，而其最后目的是为了掌握农时，所以最后一句便是"耕牛遍地走"。这可称"有的放矢"。从歌中"三九四九冰上走，五九六九沿河看柳，七九河开，八九雁来"几句看来，这一歌谣不适用于淮河流域，也不适用于山西、河北，当是黄河中下游山东、河南地方的歌谣。九九是从冬至算起，所以是以阴历为根据的，一定先有二至二分的知识才会有此歌谣，可见这歌谣也是在春秋、战国时代或以后产生的。

到汉代铁犁和牛耕的普遍应用，以及人口的增加，使农业有了显著进步。二十四节气每一节气相差半个月，应用到农业上已觉相隔时间太长，不够精密，所以有更细分的必要。《逸周书·时训》就分一年为七十二候，每候五天。如说"立春之日东风解冻，又五日蛰虫始振，又五日鱼上冰。雨水之日獭祭鱼，又五日鸿雁来，又五日草木萌动。惊蛰之日桃始华，又五日仓庚鸣，又五日鹰化为鸠。春分之日玄鸟至，又五日雷乃发声，又五日始电"等。

物候知识最初是农民从实践中得来，后来经过总结，附属于国家历法。但物候是随地而异的现象，南北寒暑不同，同一物候出现的时节可相差很远。在周、秦、两汉，国都在今西安地区及洛阳，南北东西相差不远，应用在首都附近尚无困难；但如应用到长江以南或长城以北，就显得格格不入。到南北朝，南朝首都在建康，即今南京；北朝初都平城，就是今日的大同，黄河下游的物候已不适用于这两个地方。南朝的宋、齐、梁、陈等王朝都很短促，没有改变月令；北魏所颁布的七十二候，据《魏书》所载，已与《逸周书》不同，在立春之初加入"鸡始乳"一候，而把"东风解冻"、"蛰虫始振"等候统统推迟五天。但平城的纬度在西安、洛阳以北4度多，海拔又高出800米左右，所以物候相差，实际上决不止一候。

到了唐朝，首都又在长安；北宋都汴梁，即今开封，此时首都又与秦、汉的旧地相近。所以，唐宋史书所载七十二候，又和《逸周书》所载大致相同。[③]元、明、清三朝虽都北京，纬度要比长安和开封、洛阳靠北5度之多，虽然这时候"二十四番花信风"早已流行于世，但这几代史书所载七十二候和一般时宪书所载的物候，统是因袭古志，依样画葫芦。不但立春之日"东风解冻"，惊蛰之日"桃始华"，春分之日"玄鸟至"等物候，事实上已与北京的物候不相符合，未加改正；即古代劳动人民以限于博物知识而错认的物候，如"鹰化为鸠""腐草化为萤""雀入大水为蛤"等谬误，也一概仍旧。这是无足怪的，因为"九九歌"中的物候乃是老农田野里实践得来，是生活斗争中获得的一些知识，虽然粗略些，生物学知识欠缺些，但物候和季节还能对得起来。到后来，编月令成为士大夫的一种职业；明清两代，由于士大夫以做八股为升官发财的跳板，一般缺乏实际知识，真是菽麦不辨，所写物候，统从故纸堆中得来，怪不得完全与事实不符。顾炎武早已指出，在周朝以前，劳动人民普遍地知道一点天文。"七月流火"是农民的诗，"三星在天"是妇女的话，"月离于毕"是戍卒所作，"龙尾伏辰"是儿童歌谣。后世的文人学士若问他们关于这方面知识，将茫然不知所对。[④]明清时代，一般士大夫对天文固属茫然，对物候也一样的无知，这统是由于他们的书本知识脱离实践所致。

南宋浙江金华地区的吕祖谦（1137—1181 年）做了物候实测工作。他所记有南宋淳熙七年和八年（1180—1181 年）两年金华（婺州）实测记录，[⑤]载有蜡梅、桃、李、梅、杏、紫荆、海棠、兰、竹、豆蓼、芙蓉、莲、菊、蜀葵、萱草等 24 种植物开花结果的物候，和春莺初到、秋虫初鸣的时间。这是世界上最早凭实际观测而得的物候记录。世界别的国家没有保存有 15 世纪以前实测的物候记录。日本樱花记录始于唐，但只樱花而已，不及其余，而吕祖谦记录的物候多到 24 种植物的开花结果和鸟、虫的初鸣。同时人朱熹为吕祖谦物候书作跋说："观伯恭（吕祖谦号）病中日记其翻阅论著固不以一日懈，至于气候之暄凉，草木之荣悴，亦必谨焉。"

"二十四番花信风"，南宋程大昌的《演繁露》曾略提及。明杨慎《丹铅录》引梁元帝之说疑系依托；惟明初钱塘王逵的《蠡海集》所列最有条理。[⑥]后来焦竑的《焦氏笔乘》当即据此采入，[⑦]叙述较为简明。自小寒至谷雨，四月八气二十四候，每候五日，以一花应之：

小寒	一候梅花	二候山茶	三候水仙
大寒	一候瑞香	二候兰花	三候山矾
立春	一候迎春	二候樱桃	三候望春
雨水	一候菜花	二候杏花	三候李花
惊蛰	一候桃花	二候棠梨	三候蔷薇
春分	一候海棠	二候梨花	三候木兰
清明	一候桐花	二候麦花	三候柳花
谷雨	一候牡丹	二候荼蘼	三候楝花

花信风的编制是我国南方士大夫有闲阶级的一种游戏作品，既不根据于实践，也无科学价值的东西。

尽管如此，我国从两汉以来，一千七八百年间，劳动人民积累的物候知识，经好些学者，如北魏贾思勰，明代徐光启和李时珍等终身辛劳地采访搜集，分析研究，还是得到发扬光大，传之于后代。

历代所颁历法真正能照顾到农民所需要的物候，是 19 世纪中叶太平天国的"天历"。它把一年分为十二个月，以 366 天为一年，单月大 31 天，双月小 30 天。以立春为元旦，惊蛰为二月一日，菁明为三月一日，以此类推。除每日有干支、二十八宿名称、时令而外，还记草木萌芽月令，把南京所观测到的物候或草木萌芽亦列入。这历称为《萌芽月令》。将上一年南京所观测到的物候结果附在下一年同月份日历之后，以供农民耕种时作参考。如太平天国辛酉十一年（1861 年）新历每月之后就都附有庚申十年同月份的萌芽月令。如说"立春九红梅开花，青梅出蕊"，

"雨水二雷鸣下雨，和风，青梅开花"等。此外天历还传播一些生产知识。

太平天国系农民革命，所以洪秀全关心民瘼，把中国历法作了一个彻底的改革。原来计划要有了40年的物候记录便可平均起来作一个标准物候历，颁布于天下，这是一件好事。可惜到1864年革命失败，而天历如昙花一现，到如今几乎无人知道其事。⑧

我国古代农书医书中的物候

中国最早的古农书，现尚保存完整的，要算北魏贾思勰的《齐民要术》。其中不少地方引用了比这书更早五百年的一部农书——西汉《氾胜之书》。在古农书中，还有专讲农时的书，如汉崔实的《四民月令》，元鲁明善的《农桑衣食撮要》等。《氾胜之书·耕田》篇辟头就说："凡耕之本，在于趣时。"换句话说，就是耕种的基本原则在于抓紧适当时间来耕耘播种。这时间如何能抓得不先不后呢？《氾胜之书》就用物候作为一个指标，如说："杏花开始盛开时，就耕轻土、弱土。看见杏花落的时候再耕。"对于种冬小麦，书中说："夏至后七十天就可以种冬麦，如种得太早，会遇到虫害，而且会在冬季寒冷以前就拔节；种得太晚，会穗子小而子粒少。"对于种大豆，书中说："三月榆树结荚的时候，遇着雨可以在高田上种大豆。"⑨

贾思勰在他的《齐民要术》中总结的劳动人民关于物候的知识，比《氾胜之书》更为丰富，而且更有系统地把物候与农业生产结合起来。如卷一谈种谷子时说道："二月上旬，杨树出叶生花的时候下种，是最好的时令；三月上旬到清明节，桃花刚开，是中等时令；四月上旬赶上枣树出叶，桑树落花，是最迟时令了。"并指出："顺随天时，估量地利，可以少用些人力，多得到些成果。要是只凭主观，违反自然法则，便会白费劳力，没有收获。"⑩

贾思勰已经知道各地的物候不同，南北有差异，东西也有分别。他指出一个地方能种的作物，移到另外一个区域，成熟迟早，根实大小就会改变。在《齐民要术》卷三《蔓菁》和《种蒜》条下说："在并州没有大蒜种，要向河南的朝歌取种，种了一年以后又成了百子蒜。在河南种芜菁，从七月处暑节到八月白露节都可以种……但山西并州八月才长得成。在并州芜菁根都有碗口大，就是从旁的州取种子来种也会变大。"又说："并州产的豌豆，种到井陉以东；山东的谷子，种到山西壶关、上党，便都徒长而不结实。"在书中，贾思勰从物候的角度尖锐地提出了问题，要求解释。但是，这类的问题：如为什么北方的马铃薯种到南方会变小退化？关东的亚麻和甜菜移植到川北阿坝州，虽长得很好但不结子等，还是植物生态学上和生理学上尚待研究的问题。

《齐民要术》的另一重要地方，是破除迷信。《氾胜之书》虽然依据物候来定播种时间，但信了阴阳家之言，订出了若干忌讳。例如播种小豆忌卯日，种稻麻忌辰日，种禾忌丙日等。这种忌讳一直流传下来，直到元代王祯⑪《农书》中，仍有"麦生于亥，壮于卯……"等错误的说法。《齐民要术》指出这种忌讳不可相信，强调了农业生产上的及时和做好保墒。⑫在一千四五百年前，能够坚持唯物观点，如贾思勰这样是不容易的。

从北魏到明末一千年间，我国虽出版了不少重要农业书籍，如元代畅师文、苗好谦等撰的《农桑辑要》，王祯撰的《农书》等，但在物候方面，除掉随着疆域扩大，得了许多物候知识外，少有杰出的贡献。到了明朝末年，徐光启从利玛窦、熊三拔等外国教士学得了不少西洋的天文、数学、水利、测量的知识，知道了地球是球形的，在地球上有寒带、温带、热带之分等。这些新知识更加强了他的"人定胜天"的观念。他批评了王祯《农书·地利》篇的环境决定论，在《农政全书·农本》一章中说："凡一处地方所没有的作物，总是原来本无此物，或原有之而偶然绝灭。若果然能够尽力栽培，几乎没有不可生长的作物。即使不适宜，也是寒暖相违，受天气的限制，和地利无关。好像荔枝、龙眼不能逾岭，橘、柚、柑、橙不能过淮一样。王祯《农书》中载有二十八宿周天经度，这没有多大意义。不如写明纬度的高低，以明季节的寒暖，辨农时的迟早。"[13]

徐光启积极地提倡引种驯化。在《农政全书》卷二十五，他赞扬了明邱浚主张的南方和北方各种谷类并种，可令昔无而今有的说法。万历年间，甘薯从拉丁美洲经南洋移植到中国还不久，他主张在黄河流域大量推广。有人问他："甘薯是南方天热地方的作物，若移到京师附近以及边塞诸地，可以种得活吗？"他毅然回答说："可以。"他说："人力所至，亦或可以回天。"也就是说，他认识到人力可以驯化作物。到如今河北、山东各省普遍种植甘薯，不能不说徐光启有先见之明。

《农政全书》卷四十四讲到如何消灭蝗虫，也是很精彩的。他应用了统计方法，整理历史事实，指出蝗虫多发生在湖水涨落幅度很大的地方，蝗灾多在每年农历的五、六、七三个月。这样以统计法指出了蝗虫生活史上的时地关系，便使治蝗工作易于着手。最后他总结了治蝗经验，指出事前掘取蝗卵的重要，他说："只要看见土脉隆起，即便报官，集群扑灭。"这可以说是用统计物候学的方法指导扑灭蝗虫。[14]

李时珍比徐光启早出生四十四年，他是湖北蕲州人。他所著的书《本草纲目》，于1596年在南京出版。相隔不到12年，便流传到日本，不到100年，便被译成日文；后更传播到欧洲，被译成拉丁文、德文、法文、英文、俄文等。[15]这部书之所以被世界学者所珍视，是因为书中包含了极丰富的药物学和植物学的材料。单从物候学的角度来看，这部书也是可宝贵的。例如卷十五记载"艾"这一条时说："此草多生山原，二月宿根生苗成丛。其茎直生，白色，高四五尺。其叶四布，状如蒿，分为五尖桠，面青背白，有茸而柔厚。七、八月间出穗，如车前，穗细。花结实，累累盈枝，中有细子，霜后枯。皆以五月五日连茎刈取。"这样的叙述，即在今日，也不失为植物分类学的好典型。《本草纲目》所载近二千种药物，其中关于植物的物候材料是极为丰富的。又如卷四十八和四十九谈到我国的鸟类，其中对于候鸟布谷、杜鹃的地域分布、鸣声、音节和出现时期，解释得很清楚明白，即今日鸟类学专家阅之，也可收到益处的。

当然，我们不能苛求三四百年以前的古人，能将二三千年中经史子集里所有的关于物候学上错误的知识和概念，一下子能全盘改正过来。《本草纲目》中对"腐草化为萤，田鼠化为鴽"等荒谬传说，全是人云亦云地抄下来，没有加以驳斥，这是限于时代，不足为怪的。在欧洲，直至18世纪，瑞典著名植物学家，也即近代物候学的创始人林内（1707—1778），尚相信燕子到秋天沉入江河，在水下过冬的。[16]

唐宋大诗人诗中的物候

我国古代相传有两句诗说道:"花如解语应多事,石不能言最可人。"但从现在看来,石头和花卉虽没有声音的语言,却有它们自己的一套结构组织来表达它们的本质。自然科学家的任务就在于了解这种本质,使石头和花卉能说出宇宙的秘密。而且到现在,自然科学家已经成功地做了不少工作。以石头而论,譬如化学家以同位素的方法,使石头说出自己的年龄;地球物理学家以地震波的方法,使岩石能表白自己离开地球表面的深度;地质学家和古生物学家以地层学的方法,初步地摸清了地球表面,即地壳里三四十亿年以来的石头历史。何况花卉是有生命的东西,它的语言更生动,更活泼。像上面所讲,贾思勰在《齐民要术》里所指出那样,杏花开了,好像它传语农民赶快耕土;桃花开了,好像它暗示农民赶快种谷子。春末夏初布谷鸟来了,我们农民知道它讲的是什么话:"阿公阿婆,割麦插禾。"⑰从这一角度看来,花香鸟语统是大自然的语言,重要的是我们要能体会这种暗示,明白这种传语,来理解大自然,改造大自然。

我国唐宋的若干大诗人,一方面关心民生疾苦,搜集了各地方大量的竹枝词、民歌;一方面又热爱大自然,善能领会鸟语花香的暗示,模拟这种民歌、竹枝词,写成诗句。其中许多诗句,因为含有至理名言,传下来一直到如今,还是被人称道不置。明末的学者黄宗羲说:"诗人萃天地之清气,以月、露、风、云、花、鸟为其性情,其景与意不可分也。月、露、风、云、花、鸟之在天地间,俄顷灭没,而诗人能结之不散。常人未尝不有月、露、风、云、花、鸟之咏，非其性情，极雕绘而不能亲也。"⑱换言之，月、露、风、云、花、鸟乃是大自然的一种语言，从这种语言可以了解到大自然的本质，即自然规律，而大诗人能掌握这类语言的含意，所以能写成诗歌而传之后世。物候就是谈一年中月、露、风、云、花、鸟推移变迁的过程，对于物候的歌咏，唐宋大诗人是有成就的。

唐白居易（乐天）十几岁时，曾经写过一首咏芳草（《古原草》）的诗："离离原上草，一岁一枯荣。野火烧不尽，春风吹又生……"诗人顾况看到这首诗，大为赏识。一经顾况的宣传，这首诗便被传诵开来。⑲这四句五言律诗，指出了物候学上两个重要规律：第一是芳草的荣枯，有一年一度的循环；第二是这循环是随气候为转移的，春风一到，芳草就苏醒了。

在温带的人们，经过一个寒冬以后，就希望春天的到来。但是春天来临的指标是什么呢？这在许多唐、宋人的诗中我们可找到答案的。李白（太白）诗："东风已绿瀛州草，紫殿红楼觉春好。"⑳王安石（介甫）晚年住在江宁，有句云："春风又绿江南岸，明月何时照我还。"据宋洪迈《容斋续笔》中指出：王安石写这首诗时，原作"春风又到江南岸"，经推敲后，认为"到"字不合意，改了几次才下了"绿"字。李白、王安石他们在诗中统用绿字来象征春天的到来，到如今，在物候学上，花木抽青也还是春天重要指标之一。王安石这句诗的妙处，还在于能说明物候是有区域性的。若把这首诗哼成"春风又绿河南岸"，就很不恰当了。因为在大河以南开封、洛阳一带，春风带来的征象，黄沙比绿叶更有代表性，所以，李白《扶风豪士歌》，便有"洛阳三月飞胡沙"之句。虽则句中"胡沙"是暗指安史之乱，但河南春天风沙之大也是事实。

树木抽青是初春很重要的指标，这是肯定的。但是，各种树木抽青的时间不同，哪种树木的抽青才能算是初春指标呢？从唐、宋诗人的吟咏看来，杨柳要算是最受重视的了。杨柳抽青之所以被选为初春的代表，并非偶然之事。第一，因为柳树抽青早；第二，因为它分布区域很广，南从五岭，北至关外，到处都有。它既不怕风沙，也不嫌低洼。唐李益《临滹沱见蕃使列名》诗："漠南春色到滹沱，碧柳青青塞马多。"刘禹锡在四川作《竹枝词》云："江上朱楼新雨晴，瀼西春水縠文生。桥东桥西好杨柳，人来人去唱歌行。"足见从漠南到蜀东，人人皆以绿柳为春天的标志。王之涣著《出塞》绝句有"羌笛何须怨杨柳，春风不度玉门关"之句。这句寓意是说塞外只能从笛声中听到折杨柳的曲子。但在今日新疆维吾尔自治区无论天山南北，随处均有杨柳。所以毛泽东同志《送瘟神》诗中就说"春风杨柳万千条，六亿神州尽舜尧"。目今春风杨柳不限于玉门关以内了。

唐、宋诗人对于候鸟，也给以极大注意。他们初春留心的是燕子，暮春、初夏注意的在西南是杜鹃，在华北、华东是布谷。如杜甫（子美）晚年入川，对于杜鹃鸟的分布，在诗中说得很清楚："西川有杜鹃，东川无杜鹃。涪万无杜鹃，云安有杜鹃。我昔游锦城，结庐锦水边。有竹一顷余，乔木上参天。杜鹃暮春至，哀哀叫其间……"[21]

南宋诗人陆游（放翁），在76岁时作《初冬》诗："平生诗句领流光，绝爱初冬万瓦霜。枫叶欲残看愈好，梅花未动意先香……"[22]这证明陆游是留心物候的。他不但留心物候，还用以预告农时，如《鸟啼》诗可以说明这一点："野人无历日，鸟啼知四时。二月闻子规，春耕不可迟；三月闻黄鹂，幼妇悯蚕饥；四月鸣布谷，家家蚕上簇；五月鸣鸦舅，苗稚忧草茂……"㉓像陆游可称为能懂得大自然语言的一个诗人。

我们从唐、宋诗人所吟咏的物候，也可以看出物候是因地而异，因时而异的。换言之，物候在我国南方与北方不同，东部与西部不同，山地与平原不同，而且古代与今日不同。为了了解我国南北、东西、高下、地点不同，古今时间不同而有物候的差异，必须与世界其他地区同时讨论，方能收相得益彰之效。因此得先谈谈世界各国物候学的发展。

注释

①见《元氏长庆集》卷七。

②《管子·臣乘马》篇："日至六十日而阳冻释，七十五日而阴冻释，阴冻释而艺稷，故春事二十五日之内耳也。"

③秦嘉谟编：《月令粹编》卷二十三，《月令考》，1812 年出版。

④顾炎武：《日知录》卷三十《天文》条。按"七月流火"见《诗经·豳风·七月》，"三星在天"见《诗经·唐风·绸缪》，"月离于毕"见《诗经·小雅·鱼藻之什·渐渐之石》，"龙尾伏辰"见《左传》僖公五年。

⑤吕祖谦：《庚子·辛丑日记》，载《东莱吕太史文集》卷十五，续金华丛书本。

⑥参考《四库全书总目提要》子部，杂家类六《蠡海集》，存目五《焦氏笔乘》。

⑦《焦氏笔乘》，粤雅堂丛书本，卷三页八，"花信风"条。

⑧影印《太平天国印书》第十七册，南京太平天国历史博物馆编，江苏人民出版社 1960 年版。又见肖一山辑《太平天国丛书》第一辑第三册，1936 年出版。

⑨参考石声汉：《氾胜之书今释》，（初稿），第 5 页、第 19 页和第 23 页，1956 年，科学出版社出版。

⑩参考石声汉：《齐民要术今释》，第一分册，第 57 页，1957 年，科学出版社出版。

⑪清雍正帝时，因避雍正"胤祯"的名字把王祯改为王桢。这完全是封建时代的习惯，现仍用其原名。

⑫李长年：《齐民要术研究》，第 92 页，1959 年，农业出版社出版。

⑬石声汉：《徐光启和农政全书》，北京《光明日报》，1962 年 4 月 16 日。

⑭燕羽：《徐光启和农政全书》，载《明清史论丛刊》第 273 页，1957 年，湖北人民出版社出版。

⑮陈邦贤：《李时珍》，载《中国古代科学家》第 166 页，1959 年，科学出版社出版。

⑯莱克：《燕子在高塔中》（David Lack：*Swift in Tower*），第 139—140 页，1956 年，伦敦出版。

⑰李时珍：《本草纲目》第四十九卷，1955 年，商务印书馆重印本。

⑱黄宗羲：《南雷文案》卷一，《景州诗集序》。

⑲朱大可校注：《新注唐诗三百首》，第 102 页，1957 年，上海文化出版社出版。

⑳《李太白全集》卷7，第 4 页，四部备要本。

㉑《杜诗镜铨》卷十二，《杜鹃》，通行本，诗是大历元年所作。

㉒㉓《陆放翁集》卷四十八、卷二十九，商务印书馆，国学基本丛书本。

三、世界各国物候学的发展

古代世界的物候知识

欧美的物候知识也起源很早，因为人类从事农业生产，即有对物候知识的需要和取得这种知识的可能。所以，二千多年以前的古希腊时代，雅典人即已试制包括一年物候的农历。及至罗马恺撒时代，还颁发了物候历以供应用。①但欧洲有组织地观察物候，实际上开始于 18 世纪中叶。当时植物分类学创始者瑞典人林内，在他所著的《植物学哲学》②一书中，提出了物候学的任务，在于观测植物一年中发育阶段的进展；并在瑞典组织了 18 个地点的观测网，观测植物的发青、开花、结果和落叶的时期。这一观测网的活动时间，虽为期不过三年（1750—1752），但在欧美起了组织物候观测网的示范作用。

在林内时代以前，欧洲各国也有个别的人观测物候并保存了记录，如英国诺尔福克地方的罗伯脱·马绍姆，从 1736 年起，即观测当地 13 种乔木抽青，4 种树木开花，8 种候鸟来往，以及蝴蝶初见、蛙初鸣等 27 种物候项目。罗伯脱去世后，其家族有 5 代人连续观测，直到 20 世纪 30 年代，期间只缺 25 年（1811—1835），这是欧美年代最久的物候记录。其科学意义已经英国皇家气象学会做了总结，[③]后面将加以讨论。

日本对于物候学的研究叫做季节学，从我国通用字义来讲，物候与季节完全是不同的。物候学不是完全讲季节的，但物候现象可作为季节的标志。据文献所载，他们最初即有二十四节气和七十二候，是从我国传去的。[④]季节名称也与我国完全相同。日本自我国唐宪宗元和七年（812 年）开始，即断断续续地有樱花开花的记录，迄今已达 1160 余年之久，这无疑是世界最长久的单项物候记录。[⑤]但所记录只限于樱花一个项目。我国金华吕祖谦在南宋时代已有 20 多个项目的物候记录。

近代世界物候学的发展

物候观测在 19 世纪中叶以前，各国虽偶有进行，但统是零星碎散。19 世纪中叶以后，因为资本主义国家工业的发展和人口的繁殖，急需增加农业生产，才开始注意物候学的研究。如以日本为例，在 8 世纪圣武天皇时代，每亩（中国亩）稻米产量只188 磅。到明治初年，1100 多年间只增加了一倍，每亩产量为365 磅。但从 19 世纪中叶到 1959 年，因利用化肥、灌溉、机耕、选种、植物保护等种种科学方法，水稻产量已增加到每亩 707磅，[⑥]即短短的八九十年中，又增加了一倍。而在诸种科学方法之中，物候学也应时而起，发挥了一定作用。到如今，日本已有1500 个物候观测点，属于中央观象台。农业气象与物候学已成为日本气象学的重要部门。日本自然季节观测记录主要应用于下列三方面：

1. 预报季节到来的时期；

2. 在没有气象记录的地方，如山岳地区，可以用自然季节现象的资料作气象资料推算；

3. 历史时代气候变迁的研究。

总之，在日本，物候学对于农业耕种、收获适宜时间的决定，植物发芽、开花、结实时间的预测，气象灾害波及程度的推定，统统发挥了很大作用。

德国从 19 世纪 90 年代起，霍夫曼花了 40 年工夫做物候学的组织和观测工作，选择了 34 种标准植物，作为欧洲大陆中部观测物候对象，并每年出版欧洲物候图，如春季播种图等，包括了欧洲中部数百个物候点。在 1914—1918 年第一次世界大战时，德国粮食不足，霍夫曼的学生 E·伊纳从谷物播种图上选出德国谷物早熟地区，开垦种植，使德国粮食得到比较充分的供应。[⑦]

自 1883—1941 年近 60 年中，E·伊纳是欧洲物候学的主要倡导者。他是最早用单一品种植物（西洋丁香）作物候图的。他把他自己 59 年的物候观测记录收集在他编的 100 个点的年刊中。在德国达姆施塔特（Darmstadt）他的墓碑上，铭刻着"他的毕生事业为了物候学"。德意志联邦共和国 1952 年重新组织物候观测网，现有 2700 名观测员，密度为 90 平方公里一个观测者[⑧]。

英国物候的观测，在资本主义国家中开创特早。英国皇家气象学会从 19 世纪 90 年代起即组织了物候观测网，发展到 500 个站，在 1948 年以前，常出版物候报告。前任气象局局长萧（N. Shaw），在他所著《天气的戏剧》一书中，曾竭力提倡物候学。[9]英国且有欧洲最久的物候记录，上面已经提到。但因为英国粮食、肉类大部依靠进口，对农业不那么重视；并且英国的物候观测对象，只限于野生植物，不观察农作物，[10]物候研究未紧密结合生产，因此，没有显著发展。

美国从 19 世纪后半期开始注意到物候的观测，逐渐建立物候观测网。到 20 世纪初叶，在森林昆虫学家霍普金司（A. D. Hopkins）领导下扩充到全国，并提出所谓物候定律。[11]美国农业部利用物候学来引种驯化，把世界各国特有的经济作物，分析其生长、开花、结果时期，探明其温度、湿度、日光的需要，然后移植于美国适当地区。过去曾从我国移植了不少品种，著名的如移植到加利福尼亚的柑橘，移植到佛罗里达的油桐和移植到中西诸州的大豆等。这几种经济作物经一二十年的培育，美国不但能够自给，而且在国际市场上和我国竞争。在移植前，美国曾派人在我国各农业试验场及农业学校搜集移植品种的物候条件的情报和各地气象资料，甚至从各省、各县方志中探查古代记录的物候情报。第二次世界大战以后，美国华盛顿作物生态研究所曾出版过《中国作物生态地理和北美洲类似区域》一书，其目的即在继续引种我国经济作物于美洲。[12]

50 年代美国重新重视物候学，引导作为农业试验站三个地区性计划的物候网的建立。1957 年在西部地区，1961 年在中北部地区和 1965 年在东北部地区先后建立物候网。又 1954 年在威斯康星州，1970 年在北卡罗来纳州组织了全州范围的物候网，普渡大学（Purdue University）在印第安纳州发展物候园的观测网。

美国在国际生物规划下成立一个国际生物规划物候学委员会，这个委员会注意到需要在全世界范围内研讨物候学与季节性问题，进而研讨生物系统分析，使这样的研讨适应于促进今后美国和国际合作，并包括尽可能多的适当学科。为了这个目的该会于1972年8月在明尼苏达州（Minnesota）的明尼阿波利斯（Minneapolis）举行了座谈会。讨论了如下几项：

（1）综合当前的研究成果。（2）集合不同学科中的适当人士进行讨论和提供补充观点。（3）编制各个领域中的重要分支学科的情报资料，引导各个领域新的研究工作。（4）对综合的物候学，创立新的论点。（5）评议某些科学成果，为专门名词作定义。[13]1974年又出版《物候学与季节性模式》一书。

俄国十月革命以前，因为农业上的需要，物候研究与农业已有密切的联系。[14]科学家中鼓吹研究物候最有力的有气象学家沃耶可夫，他提倡把气象观测和物候观测联合进行，称为联合观测法，即为日后农业气象观测法的萌芽。米丘林利用物候记录，创造出许多园艺新品种。植物生理学家季米里亚捷夫非常重视物候学，甚至说："气象条件只有我们同时熟悉植物的要求的时候，才是有用的。没有对于植物要求的了解，气象记录的无限数字，将只不过是保留着一堆徒劳无功的废物而已。"[15]

十月革命以后，物候学在苏联得到很大发展。自愿物候观测者的观测网有了很大的扩充，从1940年起，由全苏地理学会进行领导。同时中央水文气象局大大加强了各加盟共和国的农业气候研究。在这一期间，发表了各地区观测结果和大量物候图表，并有多种专著出版。

注释

①参阅竺可桢：《新月令》，《中国气象学会会刊》第六期，第1—14

页，1931 年。

②林内：《植物学哲学》（K. Linne：*Philosophia Botanica*），1751 年，斯德哥尔摩出版。

③伊万·马加莱：《英国诺尔福克地方马绍姆家的物候记录》（lvan Margary：The Marsham Phenological Record in Norfolk，1736—1925，and Some Others），《英国皇家气象学会季刊》第 52 卷，1926 年 1 月份，第 27—54 页。

④藤原咲平：《日本气象学史》，1951 年 8 月，东京岩波书店出版。

⑤大后美保、铃木雄次：《日本生物季节论》（Y. Daigo and S. Suzuki：*Phenology in Japan*），1950 年 4 月再版。

⑥理查孙：《化肥为什么能增进粮食生产》（H. L. Richardson：What Fertilizer Could Do to Increase World Food Production），英国《科学促进会月刊》（The Advancement of Science Journal），1961 年 1 月份，第 472—480 页。

⑦F. 施奈勒著，杨郁华译：《植物物候学》（F. Schnelle：*Pflanzen. Phänolo-gie*）第 227 页，1965 年，科学出版社出版。

⑧Richard I. Hopp：Plant Phenology Observation Networks. In Phenology and Seasonality Modeling. p. 25，1974. （H. Lieth，ed.）New York，Springer-Verlag.

⑨萧：《天气的戏剧》（Napier Shaw：*The Drama of Weather*），1940 年，英国剑桥出版，第二版第 73—77 页。

⑩贾福利：《英国皇家气象学会所获得的长期物候平均数》（E. P. Jeffree：Some Long-term Means from the Phenological Reports 1891—1948 of the Royal Meteorological Society），《英国皇家气象学会季刊》第 86 卷，1960 年 1 月份。

⑪霍普金司：《作为农业研究与操作指导的阶段发育与自然规律》（A. D. Hopkins：Periodical Events and Natural Law as Guides to Agricultural Research and Practice），《美国天气月报》附刊第 9 号，第 7 页，1918 年，美国农业部出版。

⑫奴托孙：《中国作物生态地理和北美洲类似区域》（M. Y. Nuttonson：Eco-logical Crop Geography of China and Its Agro-climates Analogues in N. America），美国作物生态研究所出版物第 7 种，第 28 页，1947 年，华盛顿出版。

⑬ Helmut Lieth：Purposes of a Phenology Book. In Phenology and Sea-sonality Modeling，pp. 3—4，1974，New York，Springer-Verlag.

⑭卢建科：《物候学在国民经济中的利用及其发展道路问题》（А. И. РудеНко：К вопросу о путях развития и использования фенологии внародном хозяйстве），《苏联地理学文集》第 9 期，《物候学问题》，1957 年，莫斯科出版。

⑮《К. А. 季米里亚捷夫选集》第 3 卷，第 51 页，1937 年，苏联农业出版社出版。

四、物候学的定律

　　无论中外，物候知识最初统统是劳动人民从农业实践中得来的。他们的认识还只是感性的认识。我国唐、宋诗人把农民的经验编为诗歌，可算是使零散的知识提高一步，成为理性的认识。如苏轼的《舶趠风》诗："三时已断黄梅雨，万里初来舶趠风。"把老农特别注意的黄梅雨这个物候的季节现象，与夏季风联系起来，提高到梅雨与夏季风的关系。据现在看来，这是很合于科学原理的。[①]

　　西欧在 19 世纪设置许多物候站，取得大量物候材料以后，物候学的研究就有很大发展，对于发展农业生产作出了贡献。前述的美国森林昆虫学家霍普金司，从 19 世纪末叶起，花了 20 多年工夫专门研究物候，尤其是美国各州冬小麦的播种、收获与生长季节的关系。霍普金司认为植物的阶段发育受当地气候影响；而气候又是制约于该地区所在的纬度、海陆关系和地形等因素，换言之，即纬度、经度和高度三方面的影响。他从大量的植物的物候材料中作出如下的结论：在其他因素相同的条件下，北美洲

温带内，每向北移动纬度 1 度，向东移动经度 5 度，或上升 400
英尺，植物的阶段发育在春天和初夏将各延期 4 天；在晚夏和秋
天则适相反，即向北 1 度，向东 5 度，向上 400 英尺，都要提早
4 天。[②]霍普金司根据这一定律，又参考实际物候资料，绘出了美
国各州的等候线——就是把同一日子有同一物候（如桃始花、燕
子来等）的地点连成的一条线。根据等候线可以预告各地农作物
播种、收获的时期，也可用以估计外来农作物的品种是否适于本
地。在 20 世纪初期，美国小麦害虫海兴蝇极为猖獗，美国农业
部利用了物候图表，把各地小麦播种期延迟若干天，避免了这种
虫害，增加了小麦的产量。这一方法近来也曾应用于我国而得到
结果，我国广东潮汕地区，过去螟虫为害水稻严重，近来把水稻
提早下种，等螟虫大量出现时，稻子已可收割，这样就避免了
螟害。

物候的南北差异

物候南方与北方不同。我国疆域辽阔，在唐、宋时代，南北
纬度亦相差 30 余度，物候的差异自然很分明。往来于黄河、长
江流域的诗人已可辨别这点差异，至于放逐到南岭以南的柳宗元
（子厚）、苏轼，他们的诗中，更反映出岭南物候不但和中原有量
的不同，而且有质的不同了。

秦岭在地理上是黄河、长江流域的分水岭，在气候上是温带
和亚热带的分界，许多亚热带植物如竹子、茶叶、杉木、柑橘等
统统只能在秦岭以南生长，间有例外，只限于一些受到适当地形
的庇护而有良好小气候的地方。白居易于唐元和十年（815

年），从长安初到江西，作有《浔阳三题》诗，并有序云："庐山多桂树，溢浦多修竹，东林寺有白莲花，皆植物之贞劲秀异者……夫物以多为贱，故南方人不贵重之……予惜其不生于北土也，因赋三题以唁之。"其中《溢浦竹》诗云："浔阳十月天，天气仍温燠。有霜不杀草，有风不落木……吾闻汾晋间，竹少重如玉。"③白居易是北方人，他看到南方竹如此普遍，便不免感到惊异。

清代中叶诗人龚自珍（1792—1841年）曾说"渡黄河而南，天异色，地异气，民异情"。所以他诗中有句云："黄河女直徙南东，我道神功胜禹功。安用迂儒谈故道，犁然天地划民风。"龚自珍不但说南北物候不同，而且民情也不同。④

苏轼生长在四川眉山，是南方人，看惯竹子的，而且热爱竹子。青年时代进士及第后不久，于宋嘉祐七年（1062年）到京北路（今陕西省）凤翔为通判，曾亲至宝鸡（今宝鸡市）、鳌屋（今周至县）、虢（在今宝鸡县东）、郿（今眉县）四县，在宝鸡去四川路上咏《石鼻城》，诗中有"……渐入西南风景变，道边修竹水潺潺"。⑤竹子确是南北物候不同很好的一个标志。

秦岭是我国亚热带的北界，南岭则可说是我国亚热带的南界，南岭以南便可称为热带了。热带的特征是："四时皆是夏，一雨便成秋。"换言之，在热带里，干季和雨季的分别比冬季和夏季的分别更为突出。而五岭以南即有此种景象，可于唐、宋诗人的吟咏中得之。柳宗元的《柳州二月榕叶落尽偶题》诗："宦情羁思共凄凄，春半如秋意转迷。山城过雨百花尽，榕叶满庭莺乱啼。"⑥意思就是二月里正应该是中原桃李争春的时候，但在柳州最普遍的常绿乔木榕树，却于此时落叶最多，使人迷惑这是春天还是秋天？苏轼在惠州时，有《食荔枝二首》，记惠州的物候："罗浮山下四时春，卢橘杨梅次第新。日啖荔枝三百颗，不妨长作岭南人。"⑦又在《江月五首》诗的引言里说："岭南气候不常。吾尝云：菊花开时乃重阳，凉天佳月即中秋，不须以日月为断也。"⑧按温带植物如菊花、桂花在广州终年可开，但是即使在热带，原处地方植物的开花结果，仍然是有节奏的。苏轼在儋耳有诗云，"记取城南上巳日，木棉花落刺桐开"，⑨相传阴历三月三日为上巳节。如今海南岛儋耳地方的物候未见记录，可能还是如此。1962 年春分前一周，作者之一由广州经京广路到北京，那时广州越秀山下的桃花早已凋谢，而柳叶却未抽青。但在韶关、郴州一带，正值桃红柳绿之时。可知五岭以南若干物候，是和长江流域先后相差的。

还有一个重要的物候，即梅雨的时期，在我国各地也先后不一。这在唐、宋诗人的吟咏中，早已有记载。柳宗元诗："梅熟迎时雨，苍茫值小春。"柳州梅雨在小春，即农历三月。杜甫《梅雨》诗："南京犀浦道，四月熟黄梅。"即成都（唐时曾作为"南京"）梅雨是在农历四月。⑩苏轼《舶趠风》诗："三时已断黄梅雨，万里初来舶趠风。"⑪苏轼作此诗时在浙江湖州一带，三时是夏至节后的十五天，即江浙一带梅雨是在农历五月。现在我们知道，我国梅雨在春夏之交，确从南方渐渐地推进到长江流域。⑫

前面讲过，我国的物候南方与北方不同。从世界范围来说，也一定是这样。所以霍普金司的物候定律，如以物候的南北差异而论，应用到欧洲便须有若干修正。据英国气象学会的长期观测，从最北苏格兰的阿伯丁，到南英格兰的布里斯托耳，南北相距 640 公里，即 6 个纬度弱，11 种花卉的开花期，南北迟早平均相差 21 天，即每 1 纬度相差 3.7 天。而且各种物候并不一致，如 7 月开花的桔梗，南北相差 10 天；而 10 月开花的常春藤，则相差至 28 天。[13]至于德意志联邦共和国的格曾海曼地方，纬度在意大利巴图亚之北 4 度 6 分；两地开花日期，春季只差 8 天，但夏季要差 16 天。换言之，即春季每 1 纬度相差不到 2 天，而夏季每 1 纬度可差 4 天。欧洲西北部的挪威，则每 1 纬度的差异，南北花期在 4 月要差 4.3 天，5 月减为 2.3 天，6 月又减至 1.5 天，到 7 月只差 0.5 天。由此可知南北花期，不但因地而异，而且因时季、月份而异，不能机械地应用霍普金司的定律。即使在美洲，霍普金司定律应用到预报农时，或引种驯化，也都须经过一系列等候线图的更正。[14]

我国地处世界最大陆地亚洲的东部，大陆性气候极显著，冬冷夏热，气候变迁剧烈。在冬季，南北温度相差悬殊；但到夏季，则又相差无几。如初春 3 月份平均温度，广州要比哈尔滨高出 22℃；但到盛夏 7 月，则两地平均温度只差 4℃ 而已。加之我国地形复杂，丘陵山地多于平原，更使物候差异各处不同。在我国东南部，等候线几与纬度相平行，从广东沿海直至北纬 26 度的福州、赣州一带，南北相距 5 个纬度，物候相差 50 天之多，即每一个纬度相差竟达 10 天。在此区以北，情形比较复杂。如以黄河、长江下游平原地区的北京与南京相比，春季物候迟早如下表所示：

表1　北京南京春季物候迟早比较表（月/日）

地点	北纬	东经	高度	桃李始花	柳絮飞	洋槐盛花	平均温度（℃）		
							3 月	4 月	5 月
北京	39°56′	116°20′	51 米	4/19	5/1	5/9	5.0	13.8	20.0
南京	32°03′	118°07′	68 米	3/31	4/22	4/29	8.6	14.5	20.4

　　注：表中北京物候系根据 1950—1961 年记录，南京物候系根据 1921—1931 年记录

　　从表1可以知道，北京、南京纬度相差 7 度强，在 3、4 月间，桃李始花，先后相差 19 天；但到 4、5 月间，柳絮飞、洋槐盛花时，南北物候相差只有 9 或 10 天。主要原因就由于我国冬季南北温度相差很大，而夏季则相差很小。3 月，南京平均温度尚比北京高 3.6℃，到 4 月则两地平均温度只差 0.7℃，5 月则两地温度几乎相等。在长江、黄河大平原上，物候差异尚且不能简单地按纬度计算出来，至于丘陵山岳地带，物候的差异自必更为复杂。

物候的东西差异

　　我国除长江、黄河三角洲以外，地形复杂，物候受地形影响很大。如天山、昆仑山巍然突出于西边，秦岭自西向东横亘于中部，因此，物候东西差异不显明，与北美、西欧大不相同。天山、昆仑山高耸西部，到东部秦岭山脉逐渐降低，至东经 116 度以东，除个别山岭如大别山、黄山而外，都是起伏不平的丘陵区。所以，冬春从西伯利亚南下的寒潮，可以突击至长江以南。我们从春初桃始花的等候线可以看出，在我国东南部，北纬 26 度以南，等候线几乎与纬度平行；在北纬 26 度以北，等候线则

弯曲成马蹄形，初看颇不易解释。若把桃始花物候图华东、华北部分和同地区冬春寒潮入侵路径图互相比较，就可看出寒潮对于等候线的影响。寒潮和风暴影响等候线是常有之事，如1925年，在苏联欧洲区域一次风暴，使布谷鸟的等候线完全改观。[⑮]四川成都平原因为群山包围，冬春寒潮不能侵入，所以，初春物候如桃始花，见于雨水、惊蛰之间，远比华东同纬度地方如杭州、苏州为早。我国西南、西北，同一区域的地形高下可以相差很大，等候线随地形转移，经度的影响就变为次要的了。

我国物候东西不同古人早已见及。清初大兴刘献廷著《广阳杂记》第二卷中云"长沙府二月初间已桃李盛开，绿杨如线，较吴下（苏州）气候约早三四十天"。[⑯]

至于物候的东西差异，主要由于气候的大陆性强弱不同。我国东部沿海地区也有海洋性气候性质。凡是大陆性强的地方，冬季严寒而夏季酷暑，我国大部地区就是如此。反之，大陆性弱即海洋性气候地区，则冬春较冷，夏秋较热，如西欧英、法等国。所以在中欧北部，从西到东，离海渐远，气候的海洋性也渐减少，而大陆性逐渐增加。同一纬度的地带，春初东面比西面冷，而到初夏，变成东面比西面热。这一点可以从中欧北部2月和6月的等候线和等温线（1936—1939年）充分看出来。在2月份，中欧北部西面较东面温和，所以，雪球花始花的等候线方向一般自西北到东南。但到6月里，冬黑麦开花的等候线方向却成为西、西南至东、东北了。欧洲东西物候迟早差别，又可以从苏联莫斯科和德国格曾海曼两地物候比较出来，两地纬度相差6度强，而东西经度相差30度，所以，东西的差别是主要的。

表2　苏联莫斯科和德国格曾海曼春夏物候日期比较表（月/日）

地名	北纬	东经	款冬开花	白桦开花	丁香开花	椴树开花	冬黑麦成熟
莫斯科	55°45′	37°34′	4/6	5/5	5/23	6/29	7/27
格曾海曼	49°30′	7°30′	3/8	4/10	4/29	6/10	7/17
相差日数			29 天	25 天	24 天	19 天	10 天

注：参阅 F. 施奈勒《植物物候学》，1965 年科学出版社出版，第 109—110 页

从上表可知两地的物候日期，从春到夏便逐渐接近起来。

我国地处亚洲东部，虽滨太平洋，但一般说来是具有大陆性气候的。但是临近黄海东海地区仍然有受局部的海洋影响，这对于农业生产有很大关系，不可不加以注意。原因是海水比大陆吸收热量多，所以大陆春天易热，冬天易冷。在春初大陆骤然热起来了，但海水还是冷的。到了秋天，大陆经萧瑟秋风一吹便冷下来了，而海水还是温暖的。所以海水对附近的地方来说，春天是一个冷源，秋天是一个热源。我们试把山东的烟台与济南相比，烟台的纬度虽比济南向北几乎一度，但在春天 3 月至 5 月间的气温烟台比济南要低摄氏四五度之多，如表 3 所示。到秋后则烟台温度反比济南为高。烟台是产苹果著名的。济南虽也可产苹果，但不如烟台那样丰收而物美。原因之一就是由于济南苹果开花在清明前后，正值大风的时候，易受摧残。烟台春晚，苹果开花要迟到谷雨以后，可以避免寒潮。

表3　烟台与济南气温比较表（℃）

温度 地点 \ 月份	1	2	3	4	5	6	7	8	9	10	11	12	年平均
烟台	-1.9	-0.8	4.3	11.7	17.8	22.6	25.8	25.5	21.6	15.6	8.2	1.4	12.6
济南	-1.3	1.6	8.3	16.0	22.5	27.1	28.2	26.5	22.2	16.2	7.9	-0.8	14.5
相差	-0.6	-2.4	-4.0	-4.3	-4.7	-4.5	-2.4	-1.0	-0.6	-0.6	+0.3	+2.2	-1.9

不但华北如此，在华南凡是邻近海洋局部地区，在春夏期间尤其是4—6三个月中，受海水冷源的影响，温度统比离海较远地方为冷。如表4所示宁波与九江虽在同一纬度上，但4—6三个月的平均气温宁波都要比九江低2℃以上。在沿海地区水稻下种的日期必须延迟二三星期，这样就影响了水稻的发育。

表4　宁波和九江气温比较表（℃）

温度 地点 ＼ 月份	1	2	3	4	5	6	7	8	9	10	11	12	年平均
宁波	4.3	5.1	8.9	14.2	19.4	23.5	28.1	28.0	23.9	18.7	13.3	7.8	16.3
九江	3.4	5.5	10.5	16.2	22.3	25.9	29.7	29.5	24.7	18.6	12.3	6.5	17.1
相差	+0.9	-0.4	-1.6	-2.0	-2.9	-2.4	-1.6	-1.5	-0.8	+0.1	+1.0	+1.3	-0.8

物候的高下差异

物候山地与平原不同。在大气中从地面往上升则气温下降，平均每上升200米，温度要降低摄氏1度，因此，在海拔高的地方，物候自必较迟。对于这一点，在唐、宋诗人吟咏中也有反映。唐宋之问《寒食还陆浑别业》诗："洛阳城里花如雪，陆浑山中今始发。"白居易《游（庐山）大林寺序》有诗云："人间四月芳菲尽，山寺桃花始盛开。"白居易此序作于唐元和十二年四月九日（817年4月28日），如照他所说大林寺开桃花要比九江迟60天，这失之过多，实际相差不过二三十天。自1934年以来，离大林寺不远，建立了庐山植物园。该园对于若干植物物候每年均有记录。庐山植物园纬度比北京纬度小十度，但海拔高出1000米，兹列两处植物开花期以资比较：

表5　庐山与北京植物开花期的比较

时间＼名称　地点	榆叶梅	紫荆	日本樱花
庐山植物园[⑰]　北京城内	4月上旬　4月15－20日	4月中旬　4月17－27日	4月中旬　4月22－30日

依照霍普金司定律，物候每向北移动纬度1度或向上升400英尺都要延迟4天，北京与庐山植物园纬度与高度之差别可以相抵。但到夏初因阳光受南方云雾影响，就难以比较了。按大林寺在今庐山大林路，据庐山植物园同志供给材料，那里海拔在1100至1200米，估计平均温度要比山下低5℃，春天物候比山下可能有20天之差。高度相差愈大，则物候时间相离愈远。在长江、黄河流域的纬度上，海拔超过4000米，不但无夏季，而且也无春秋了。李白《塞下曲》："五月天山雪，无花只有寒。笛中闻折柳，春色未曾看。"这是记实。我国西部的天山、阿尔泰山、昆仑山、祁连山均巍然高出云表，但山坡有不少面积能培植森林，放牧牲畜，可资利用，物候学在我国西部山区正大有可为。

物候现象的出现，在春夏，如抽青、开花等，越到高处越迟；到秋天，如乔木的落叶，冬小麦的下种等，则越到高处越早。但是，推迟和提早多少，则各处并不能如霍普金司物候定律所确定的每上升400英尺相差4天那么准。在我国西南山岭区域，在目前汽车行程一日之内，可以看到整个平地上几个季度的农事。如作者之一，1961年在川北阿坝藏族自治州，于6月3日早晨从阿坝县出发，路过海拔3600米处，水沟尚结冰。行244公里至米亚罗海拔2700米处，已入森林带；此处已可种小麦，麦高尚未及腰。更前行 100 公里，在海拔 1530 米处，则小麦已将黄熟。更下行至茂文海拔 1360 米处，则正忙于打麦子。晚间到灌县海拔 780 米处，则小麦早已收割完毕。

我国山地和丘陵地虽占全国面积十分之六七，但对于山地物候，却完全未加研究，到现在还是一空二白状态。欧洲有些国家，对于山区物候颇有研究。据德国黑林山区和捷克斯洛伐克苏台德山区的研究，作物从下种到成熟的时期，山上比山下为短。如燕麦，在黑林山区海拔 1000 米处，只需 205 天便成熟；到山下 200 米处，却需 250 天，相差至 45 天之多。在苏台德山区海拔相差 500 米，高处的农期缩短 35 天。[18] 如把作物的整个生长期分为发育期和黄熟期两个阶段，则高度对二者的影响又有不同。在作物的发育期，所受的影响更大，一般在高处长得更快。

在法国，据 9 个丘陵区 10 个年度的观测结果，知道高度每差 100 米，紫丁香抽青要迟 4 天，开花期还要多迟一些，差 4.3 天。其余如七叶树、橡树等的物候，也有同样差异。秋天树木落叶和冬小麦播种，高处要比低处早，每 100 米相差日数也不一致，依地点和季节而不同。

秋冬之交的物候，有一点值得说明：这时期天气晴朗，空中常出现逆温层，即在一定高度，气温不但不比低处低，反而更高。这一现象在山地冬季，尤其早晨极为显著。但在欧洲，逆温层离地不甚高厚，只不过 100 米左右，再上去温度就降低了。就是这样已影响到农时，在德国黑林山区，麦类播种高处早而低处迟，但一年中种得最迟的不在山脚下，而在离山脚高 100 米处。因此处秋天早晨的逆温层使它具有全区最高温度。我国华北和西北一带，不但秋冬逆温层极为普遍，而且远比欧洲高厚，常可高达 1000 米。在华南丘陵区引种热带作物，秋冬逆温层的作用非常重要，引种热带作物在山腰可行，而在山脚反而不合适，这几乎是普遍现象。

物候的古今差异

物候古代与今日不同。陆游《老学庵笔记》卷六引杜甫上述《梅雨》诗，并提出一个疑问说："今（南宋）成都未尝有梅雨，只是秋半连阴，空气蒸溽，好像江浙一带五月间的梅雨，岂古今地气有不同耶？"卷五又引苏辙诗："蜀中荔枝出嘉州，其余及眉半有不。"陆游解释说："依诗则眉之彭山已无荔枝，何况成都。"但唐诗人张籍却说成都有荔枝，他所作《成都曲》云："锦江近西烟水绿，新雨山头荔枝熟。"陆游以为张籍没有到过成都，他的诗是闭门造车，是杜撰的，以成都平原无山为证。但是与张籍同时的白居易在四川忠州时作了不少荔枝诗，以纬度论，忠州尚在彭山之北。所以，不能因为南宋时成都无荔枝，便断定唐朝成都也没有荔枝。疑当时有此传闻，张籍才据以入诗的。

杜甫的《杜鹃》诗说："东川无杜鹃。"在抗日战争时期到过重庆的人都知道，每逢阳历 4、5 月间，杜鹃夜啼，其声悲切，使人终夜不得安眠。但我们不能便下断语说"东川无杜鹃"是杜撰的。物候昔无而今有，在植物尚且有之，何况杜鹃是飞禽，其分布范围是可以随时间而改变的。譬如以小麦而论，唐刘恂撰的《岭表录异》里曾经说："广州地热，种麦则苗而不实。"[19]但 700 年以后，清屈大均撰《广东新语》的时候，小麦在雷州半岛也已大量繁殖了。[20]

自然，我们不能太天真地以为唐、宋诗人没有杜撰的诗句。我们利用唐、宋人的诗句来研究古代物候，自然要批判地使用。看来可能的错误，系来自下列几方面：

1. 诗人对古代遗留下来的错误观念，不加选择地予以沿用，如以杨、柳飞絮为杨花或柳花。李白的《金陵酒肆留别》诗说："白门柳花满（一作酒）店香。"㉑《闻王昌龄左迁龙标遥有此寄》诗说："杨花落尽子规啼。"㉒实际所谓"絮"是果实成熟后裂开，种子带有一簇雪白的长毛，随风飞扬上下，落地后可集成一团。

2. 盲从古书中的传说。唐朝诗人钱起《赠阙下裴舍人》诗："二月黄莺飞上林，春城紫禁晓阴阴……"黄莺是候鸟，要到农历四月才能到黄河流域中下游。唐代的二月，长安不会有黄莺。《礼记·月令》："仲春之月……仓庚鸣……"钱起以误传误地用于诗中。

3. 诗人为了诗句的方便，不求数据的精密。如白居易的《潮》诗："早潮才落晚潮来，一月周流六十回。"㉓顾炎武批评他说："月大有潮五十八回，月小五十六回，白居易是北方人，不知潮候。"㉔实则白居易未必不知潮信，但为字句方便起见，所以说六十回。

4. 也有诗人全凭主观的想法，完全不顾客观事实的。如宋和尚参寥子有《咏荷花》诗："五月临平山下路，藕花无数满汀洲。"有人指出："杭州到五月荷花尚未盛开，要六月才盛开，不应说无数满汀洲。"给参寥子辩护者却说："但取句美，'六月临平山下路'，便不是好诗了。"㉕

5. 也有原来并不错的诗句，被后人改错的。如王之涣《凉州词》："黄沙直上白云间，一片孤城万仞山。羌笛何须怨杨柳，春风不度玉门关。"㉓这是很合乎凉州以西玉门关一带春天情况的。和王之涣同时而齐名的诗人王昌龄，有一首《从军行》诗："青海长云暗雪山，孤城遥望玉门关。黄沙百战穿金甲，不破楼兰终不还。"也是把玉门关和黄沙联系起来。同时代的王维《送刘司直赴安西》五言诗："绝域阳关道，胡沙与塞尘。三春时有雁，万里少行人……"在唐朝开元时代的诗人，对于安西玉门关一带情形比较熟悉，他们知道玉门关一带到春天几乎每天到日中要刮风起黄沙，直冲云霄的。但后来不知在何时，王之涣《凉州词》第一句便被改成"黄河远上白云间"。到如今，书店流行的唐诗选本，统沿用改过的句子。实际黄河和凉州及玉门关谈不上有什么关系，这样一改，便使这句诗与河西走廊的地理和物候两不对头。

从上面所讲，可以知道，我国古代物候知识最初是劳动人民从生产活动中得来，爱好大自然和关心民生疾苦的诗人学者，再把这种自然现象、自然性质、自然规律引入诗歌文章。我国文化遗产异常丰富，若把前人的诗歌、游记、日记中的物候材料整理出来，不仅可以"发潜德之幽光"，也可以大大增益世界物候学材料的宝库。

霍普金司的物候定律，只谈到物候的纬度差异、经度差异和高度差异，却没有谈到古今差异。因为霍普金司是美国人，美国的建国历史到如今仅 200 余年（美国 1776 年才独立），所以美国的气候记录还谈不到古今差别。但是，我国古代学者，如宋朝的陆游、元朝的金履祥、清初的刘献廷却统疑心古今物候是颇有不同的。古希腊的亚里士多德，在他所著的《气象学》一章中，也已指出气候、物候可以古今不同。[27]同时从 19 世纪末叶到 20 世纪初期,在奥国气象学家汉(J. Hann)的权威学说下,逐渐形成一种成见,以为历史时期的气候是很稳定的,是根本没有变动的。一个地方只要积累了 30 至 35 年的纪录,其平均数便可算作该地方的标准,适用于任何历史时代,而且也适用于将来。[28]近二三十年来,由于世界气候资料的大量积累,已证明这一观点是错误的。[29]20 世纪初期,这种错误的气候学观念,也影响到物候学上。英国若干物候学家之所以组织全国物候网,就是企图求得一个全国各地区的永久性的物候指标,可以应用于过去和将来,如我国《逸周书》所说的,年年是"惊蛰之日桃始华……",实际不是那么简单。我国历史书上充满了物候古今差异的证据。作者之一曾搜集了我国古今物候不同的事实写成专文,因本书限于篇幅不便引用,读者如有兴趣,可参看《中国近五千年来气候变迁的初步研究》一文[30]。

但从历史上的物候记录,能否证明可以获得永久性的物候指标呢?我们先从西洋最长久的实测物候记录来考验这个问题。上面已经谈过,英国马绍姆家族祖孙五代连续记录诺尔福克地方的物候达 190 年之久,这长年记录已在《英国皇家气象学会季刊》上得到详细的分析,并与该会各地所记录的物候作了比较。著者马加莱从 7 种乔木春初抽青的物候记录得出如下的结论:

1. 物候是有周期性波动的,其平均周期为 12.2 年。

2. 7 种乔木抽青的迟早与年初各月(1—5 月)的平均温度关系最为密切,温度高则抽青也早。

3. 物候迟早与太阳黑子周期有关,1848—1909 年间,黑子数多的年份为物候特早年。但从 1917 年起，黑子数多的年份反而为物候特迟年。③

我们可以把近 24 年来北京的春季物候记录与此作一比较，从表 6〔一〕可以看出北京物候也有周期性起伏。物候时季最迟是在 1956—1957 年和 1969 年，而 1957 年与 1969 年正为日中黑子最多年。好像太阳黑子最多年也是物候最迟年。但如前面已经指出的物候和太阳黑子关系是不稳定的，其原因所在至今尚未研究清楚。

表 6〔一〕 北京城内春季物候表（1950—1973 年）

年份＼项目	北海冰融	山桃始花	杏树始花	紫丁香始花	燕始见	柳絮飞	洋槐盛花	布谷鸟初鸣
1950	3/10	3/26	4/1	4/13	4/21	4/29	—	—
1951	3/12	3/28	4/6	4/15	—	5/4	—	—
1952	3/16	4/1	4/4	4/18	4/14	5/6	5/10	5/12
1953	3/10	3/24	4/5	4/15	4/23	4/26	5/9	5/19
1954	3/13	3/29	4/5	4/19	—	4/29	—	5/19
1955	3/15	4/6	4/8	4/20	4/12	5/3	5/6	—
1956	3/29	4/6	4/12	4/25	4/20	5/9	5/14	5/25
1957	3/24	4/6	4/13	4/23	4/23	5/4	5/9	5/22
1958	3/18	4/2	4/6	4/21	—	5/2	5/12	5/27
1959	2/24	3/23	3/27	4/10	4/19	4/24	—	—
1960	2/29	3/24	3/31	4/9	—	4/24	—	5/23
1961	3/3	3/19	3/26	4/6	4/19	4/25	5/3	—
1962	3/2	3/28	4/5	4/17	4/20	5/1	5/7	5/28
1963	3/1	3/18	3/25	4/11	4/20	4/30	5/8	5/27
1964	3/16	4/1	4/10	4/21	4/23	—	—	5/25

续表

年份 \ 月/日 项目	北海冰融	山桃始花	杏树始花	紫丁香始花	燕始见	柳絮飞	洋槐盛花	布谷鸟初鸣
1965	3/5	3/22	3/30	4/9	4/25	5/1	5/10	—
1966	3/11	3/24	4/6	4/12	4/22	5/5	5/12	—
1967	3/13	3/26	3/31	4/12	4/22	5/3	5/8	—
1968	3/14	3/27	4/1	4/8	4/18	4/30	5/6	5/23
1969	3/23	4/8	4/12	4/18	4/21	5/8	5/11	5/19
1970	3/18	4/3	4/11	4/17	4/21	5/5	5/10	5/28
1971	3/20	4/4	4/10	4/16	4/21	5/1	5/9	5/24
1972	3/15	3/27	4/3	4/13	4/23	4/27	5/4	5/21
1973	3/7	3/24	3/29	4/4	4/23	4/25	5/3	

表 6 [二]　北京春季植物开花的温度总和及相关系数表（1950—1961 年）

年份 \ 温度总和（℃）项目	山桃开花		杏树开花		苹果开花		海棠开花	
	大于 3	大于 5	大于 3	大于 5	大于 3	大于 5	大于 3	大于 5
1950	82.3	52.7	144.1	102.5	226.7	165.8	247.8	182.9
1951	86.0	62.0	157.2	118.6	214.1	162.4	—	—
1952	105.5	73.6	138.9	100.6	238.3	186.0	304.0	238.4
1953	132.8	95.0	207.7	150.9	272.9	202.6	—	—
1954	77.0	53.4	142.8	105.4	217.4	164.6	—	—
1955	95.6	70.4	125.4	96.2	—	—	254.2	197.9
1956	87.3	54.7	146.4	101.8	183.5	134.9	329.7	255.1
1957	95.8	71.0	141.4	105.7	209.5	162.3	261.9	206.7
1958	98.1	62.3	124.2	87.2	182.8	130.9	308.5	238.6
1959	84.4	55.6	119.9	83.2	182.4	131.7	268.0	199.3
1960	112.0	66.2	153.7	96.5	214.4	157.2	—	—

续表

项目 年份 温度总和（℃）	山桃开花		杏树开花		苹果开花		海棠开花	
	大于3	大于5	大于3	大于5	大于3	大于5	大于3	大于5
1961	106.6	62.4	144.5	88.6	215.3	146.5	262.0	183.2
平均	90.5		145.5		214.3		279.5	
相关系数	0.69	0.22	0.97	0.18	0.84	0.30	0.65	0.59

注：（1）表6〔二〕中相关系数是树木开花迟早的日期和春初摄氏表温度逐日积累总和二者间的关系。开花日期和积温统从日平均到3℃或日平均到5℃算起。上列4种树木开花日期大于3℃的相关系数都较大，故以3℃为起点温度较为合宜，参看本书第50—51页"以积温预告农时"节。

（2）"相关系数"为统计学名词，它的作用是以数字表明两种事项相关的程度。两种现象同为增减为正相关，两种现象增减情况相反为负相关，两种现象各自增减而无关系的为无相关。完全正相关的其系数常等于+1。表6〔二〕中的相关系数都是正相关，大于3℃的相关系数都较大，有的接近于+1。

从英国马绍姆家族所记录的长期物候，我们也可将18世纪和20世纪物候的迟早作一比较。如以1741—1750年10年平均和1921—1930年的10年平均，春初7种乔木抽青和始花的日期互相比较，则后者比前者早9天。换言之，20世纪的30年代比18世纪中叶，英国南部的春天要提前9天。马加莱把表中18世纪中叶（1751—1785）35年和19世纪末到20世纪初（1891—1925）35年的物候记录相比，也得出结论说，很明显，后一期的春天，要比前一期早得多。[②]

世界最长的物候记录，即日本的樱花开花记录，虽是单项记录，而且有些世纪，一百年当中只有几次记录，也可以作为一个参考。

表7　日本京都各世纪樱花开花平均日期表

世纪	9	10	11	12	13	14	15	16	17	18	19	1917—1953
平均花期	4/11	4/12	4/18	4/24	4/15	4/18	4/13	4/18	4/12	—	4/12	4/14
一百年当中记录次数	7	14	5	4	8	12	30	31	10	0	5	36

表中显示出来，各世纪樱花开花日期是很不稳定的，9世纪比12世纪平均要早13天之多。上文谈到白居易（772—846）、张籍（768—830?）、苏辙（1039—1112）、陆游（1125—1210）诗文中涉及蜀中荔枝的时候，推论到古今物候不同，推想唐时四川气候可能比南北宋为温和。从日本京都樱花开花记录看来，11、12世纪樱花花期平均要比9世纪迟一星期到二星期，可知日本京都在唐时也较南北宋时为温暖，又足为古今物候和气候不同的证据。又在日本京都樱花开放的1100多年的记录中，最早开花期出现于1246年的3月22日，而最迟开花期出现于1184年的5月15日，两者相差几乎达四个节气，即最早在春分，而最迟在立夏以后。

从上面所讨论的事实看来，物候不但南北不同，东西不同，高下不同，而且古今不同。即不但因地而异，也因时而异，事实不像霍普金司定律那样简单。为了预告农时，必须就地观测研究，做出本地区的物候历。上面讲过1962年北京地区部分农村种花生等春播作物为时太早，受了损失，若是根据物候来定农时，原可避免这种损失的。我国各地的播种季节和收获时期，是经过劳动人民几百年以至一千年以上与自然斗争才摸索到的，也就是依据当地的气候和物候确定下来的，如要有所变更，必须经

过精密的调查、实验和全面的考虑。若贸然行事，便会遭受
损失。

注释

①竺可桢：《东南季风与中国之雨量》，载《中国近代科学论著丛刊·
气象学》，第497—512页，1955年，科学出版社出版。

②⑭《美国天气月报》附刊第9号，第7、9页，1918年，美国农业部
出版。

③《白氏长庆集》卷第一，四部丛刊影印宋本。

④《龚自珍全集》第521页，1959年，中华书局出版。

⑤《苏东坡全集·前集》卷一，《万有文库》本。

⑥《柳河东集》卷四十二，国学基本丛书本。

⑦⑧《苏东坡全集后集》卷五。

⑨《苏东坡全集后集》卷六，诗作于哲宗元符元年（1098年）。

⑩仇兆鳌注：《杜少陵集详注》卷九。

⑪见徐光启《农政全书》卷十一引苏轼诗，中华书局版。苏集通行本
"三时"误作"三旬"。详可参考竺可桢《东南季风与中国之雨量》（《中国
近代科学论著丛刊·气象学》科学出版社出版）第六节的论证。

⑫参阅徐淑英、高由禧：《中国季风的进退及其日期的确定》，1962年
3月《地理学报》第28卷，第1期，第1—18页。

⑬《英国皇家气象学会季刊》第86卷，1960年，1月份。

⑮苏联列宁格勒动物园主任息密特（P. J. Schmidt）：《关于苏联物候学
观测函》，英国《自然周刊》117卷，第119页，1926年1月23日。

⑯《广阳杂记》卷二，16页。依德清戴子高"足本"。

⑰庐山物候根据梁园、朱国芳、李华著：《庐山植物乔木引种栽培总
结》，1964年9月中国植物学会全国引种驯化会议上提出的报告。

⑱F. 施奈勒：《植物物候学》第127页，1965年，科学出版社出版。

⑲⑳胡锡文主编：《中国农学遗产选集》，甲类第二种《麦》上编，第65、155 页，1958 年，农业出版社出版。

㉑㉒《李太白集》卷十三，卷十二，重刊宋本。

㉓《白香山集》卷五十三，《万有文库》本。

㉔顾炎武：《日知录》卷三十一，《潮信》条。

㉕陆游：《老学庵笔记》卷二。

㉖廖仲安：《关于王之涣及其凉州词》，北京《光明日报》，1961 年 12 月 31 日。

㉗浮亚德：《变迁的气候》（R. G. Veryard：The Changing Climate），英国《发现月刊》，1962 年 1 月份，第 9 页。

㉘埃尔曼：《冰川进退与气候波动》（H. W. Ahlmann：*Glacier Variations and Climatic Fluctuations*），第 5 页，1953 年，纽约出版。

㉙参阅竺可桢：《历史时代世界气候的波动》，《气象学报》第 31 卷，第 4 期，第 275—287 页，1962 年 1 月。

㉚《考古学报》1972 年第 1 期，科学出版社出版。

㉛《英国皇家气象学会季刊》第 52 卷，1926 年 1 月份。

㉜《英国皇家气象学会季刊》第 52 卷，1926 年 1 月份，第 50 页。

五、预告农时的方法

　　掌握农时，是农业生产上成功和失败的一个关键性问题。这一问题我国农业气象学者已予以极大的注意，并对我国几种主要作物如小麦、水稻、棉花、玉米、大豆等播种期预报方法进行了研究，提出了初步方法，这些方法已在日常生产中应用，并获得了某些效果。①

　　为了预告农时，中外古今方法并不一致，概括而说，可分为三方面：

以农谚预告农时

　　古人把一年分为春夏秋冬四季，主要是为了掌握农时。所以汉文"秋"字从"禾"旁，《说文》把秋字当作禾谷熟解释。德文秋字和收获同为一个字，英文秋字的意思即是落叶。可见人类区分季节的时候，就和农事有关。到后来，我国把一年划分为二十四节气，就更明显地是为了掌握农时了。

我国各地区农民掌握农时有很多的经验，有按节气为准的，也有根据物候为准的。这些都反映在农谚中。按节气耕种的农谚：如对于冬小麦播种，北京地区是"白露早，寒露迟，秋分种麦正当时"。华北南部是"秋分早，霜降迟，只有寒露正当时"。安徽、江苏是"寒露蚕豆霜降麦"。到了浙江便成"立冬种麦正当时"。②对于水稻，早稻的播种期，浙江是"清明下种，不用问爹娘"。上海是"清明到，把稻泡"。晚稻的播种期，湖北黄冈是"寒露不出头，割田喂老牛"。对于棉花的播种期，北京地区说："清明早，立夏迟，谷雨种棉正当时。"北方棉区（河北、陕西等省）说："清明玉米谷雨花，谷子播种到立夏。"南方棉区说："清明种花早，小满种花迟，谷雨立夏正当时。"③

根据动植物的物候为耕种指标的农谚：如对于冬小麦播种期，四川绵阳市有"雁鹅过，赶快播；雁下地，就嫌迟"；"过了九月九（农历），下种要跟菊花走"；"菊花开遍山，豆麦赶快点"。④对于棉花的播种期，华北有"枣芽发，种棉花"。诸如此类的农谚很多，不再列举。可是节气是每年在某一固定日期不变的，而物候现象是各年的天气气候条件的反映，所以，按物候掌握农时，是比较合理的。

我国从北方的黑龙江漠河，到西方的新疆喀什、乌鲁木齐，到东南沿海，统可以种小麦，只是播种期不同罢了。现在海南岛尚未大量试种，但这不是说热带就不宜种小麦。从世界小麦分布图上就可以知道，在热带如印度台坎半岛、赤道东非洲和拉丁美洲的古巴，统种小麦。⑤如上面所讲，在海南岛种小麦，只是引种驯化冬小麦春化的问题和掌握播种时间的问题而已。赤道东非洲种小麦，一年可两熟，因为在赤道下一年有两个雨季。⑥我国冬小麦的播种期从北方开始，向南逐渐推迟。从我国小麦黄熟期等候线来看，黄熟先自南方开始，向北逐渐推迟。与播种期恰恰相反，播种越早的，黄熟期越迟；播种越迟的，黄熟期越早。也就是北方小麦生长期长，南方小麦生长期短。以北京和广州两个地区相比较，小麦播种期广州附近地区比北京地区迟两个月，小麦黄熟期广州附近地区比北京地区早三个月。小麦全部生长期北京地区需270天（9个月），广州附近地区则只需120天（4个月），两者相差150天，即是5个月。以产量来说，北方小麦生长期长，产量高；南方小麦生长期短，产量低。为什么是这样呢？留待后面再谈。

以积温预告农时

按季节来定农时固然简单易行，但是也有缺点，就是不能更切合实际地、更深入地因地制宜和因时制宜。

一般植物冬季处在休眠状态中，是不生长的。一定要日平均温度达到某一标准，才开始苏醒生长。很多植物的发育，开始在日平均温度上升到5℃的时候，称这以上的温度为有效温度。把逐日的有效温度积累起来，便成为有效积温。植物的每一个阶段发育，如冬小麦从拔节到抽穗，或是从抽穗到蜡熟，所需要的积温是有一定数目的。[7]在苏联欧洲领域南半部的冬小麦，各品种由拔节至抽穗需要的有效积温为330℃，而从抽穗至蜡熟时期则需要490℃。[8]根据这个数据，在小麦拔节后，就可以用简单方程式来预告小麦抽穗或蜡熟的时期。

据英国波尔庆的研究，在西欧，温度到了5.5℃以下，乔木和灌木就不再发育，所以他主张用5.5℃为基点来算积温。[9]如果由初春起，连续统计同一地点的每日有效温度，那么，乔木或灌木开始放花时所需要的总积温数字就可以确定了。照这样算法，苏联施戈列夫在苏联欧洲区域进行了调查，算出杏花开花期有效积温为 88℃，紫丁香为 202℃，洋槐为 374℃ 等等。[⑩]我们若把这些数字和表 6［二］北京春季植物开花的温度总和及相关系数表所示的积温相比较，显得北京同一植物发育阶段需要的积温要比苏联的高，而且不很稳定。据我们推算，北京植物发育如取 3℃ 为基本点，则比 5℃ 更为合适。至于春季植物的发育，是否只决定于温度，其余气候因素如雨量、日照和风、云等是否也有影响，这是有待于日后研究的。北京的纬度较莫斯科低 16 度，春分以后日照时间较莫斯科短，所以同一植物的发育阶段，北京需要的日子和积温，与莫斯科也不相同。

作者之一和其他同志们于 1953 年秋至 1956 年夏在北京西郊以冬小麦和春小麦几个品种用分期播种法进行田间栽培试验，以 $D = D_1 + A/(t - B)$ 公式计算出各发育时期出现的日期（D 表示某一发育时期来到的预测日期，D_1 表示所需求出的某一发育时期之前一发育时期来到的日期；A 为有效温度总和，t 为发育时期的平均温度，B 为有限温度下限）。经计算各个品种的 B 和 A 两个常数不同，各年也微有差异。[⑪]其原因由于植物的生长、发育是气候、土壤、水分等多因子对它的综合影响，只用温度因子算出的常数不稳定。

划分物候季和以自然历预告农时

物候与四季划分

党中央和人民政府号召全国向四个现代化进军。发展农业生产，首先要不违农时。如何实现农时预测现代化，这是迫切需要研究的问题。

在温带里，每年春、夏、秋、冬四季周而复始地循环。四季的划分，我国古代以立春、立夏、立秋、立冬为各季之始，夏至、冬至、春分、秋分为各季之中，也有以阴历正月为春季开始，四月为夏季开始，每季三个月，分配整齐。南宋《陈旉农书》(1149 年) 天时之宜篇说："盖万物因时受气，因气发生，其或气至而时未至，或时至而气未至，则造化发生之理因之也……今人雷同以建寅之月朔为始春，建巳之月朔为首夏，殊不知阴阳有消长，气候有盈缩，冒昧以行事，其克有成耶？"[12]元代《王祯农书》(1313 年) 中农桑通诀授时篇第一，对其所作的授时图作了解释说："此图之作，以交立春节为正月，交立夏节为四月，交立秋节为七月，交立冬节为十月，农事早晚，各疏于各月之下……务农之家，当家置一本，考历推图，以定种蓺，如指诸掌，故亦名曰授时指掌活法之图。"[13]可见我国古代对于四季的划分，是相当重视的。张宝堃曾作《中国四季之分配》一文，[14]把全年分为七十三候，以候平均温度划分四季，比前人有所改进。唯四季的划分，原为便利农事，在自然界中四季递变的明显象征，是物候现象的出现，如植物的发叶、开花、叶黄和叶落，候鸟的春来秋去，农作物的播种、收获都有一定的季节性。所以其他国家已有根据物候现象划分自然季节的。德国伊纳(E. Ihne) 曾在 1895 年建议把一年分为 8 个物候季，其他物候学者也主张这样的划分，而且认为必须从当地植物种属中选出适合于这个目的的植物用来说明各季的特征。苏联波根波里(В. А. Поггенполь) 在乌克兰乌曼 (Умани) 进行过这种研究。

美国的霍普金司和麦雷（*M. A. Murray*）利用西弗吉尼亚州几种最常见的植物的记录评定物候季。他们利用这些记录以确定农作物的发育过程及田间工作日期的顺序。[15]德国物候学家施奈勒（*F. Schnelle*）以 1936—1945 年 10 年间的物候记录，作出德国南部地区自然季节的划分，将春、夏、秋三季分为春季以前时期、早春、春季；初夏、盛夏、晚夏；初秋、秋季、晚秋 9 个时期。又制定物候与农时对照的物候历。与我国《齐民要术》相同，他也订出农时的上限和下限。如马铃薯下种，种植早熟马铃薯是在驴蹄草开花的时候，种植晚熟马铃薯，不过尖叶槭开花期。[16]日本依高桥浩一郎的新的季节分类，把全年分为十个生物季节。[17]以物候划分四季，对于农业生产的应用，是合于科学的。

北京四季的划分

现以竺老（可桢）在北京的 24 年（1950—1973 年）的物候观测记录[18]，北京西郊 13 年（1962—1968 年，1972—1977 年）的和北京北郊 3 年（1975—1977 年）的物候观测记录，[19]以及各种农作物的记录，作北京四季的划分，将北京春、夏、秋三季各分为初、仲、季三个阶段，冬季分为两个阶段，全年划分为十一个季段。并制作北京的自然历。划分季段除用物候指标外，植物生长的起点温度，经作者计算，在北京为 3℃，已在本书前面说及。[20]也就是日平均气温达到 3℃ 时为生长期的起点，当日平均气温低于 3℃ 时为生长期的终点。因此，也用了日平均气温为指标，用来划分北京的各个季段。

春 季

北京的春季，根据物候现象，可分为初春、仲春、季春三个阶段。

初春 北京的初春，为由冬季进入春季的过渡时期，一般开始于 2 月下旬或 3 月上旬，土壤表面日消夜冻，早春开花的树木萌动发芽。唐白居易作咏《草》(《古原草》)的诗："离离原上草，一岁一枯荣。野火烧不尽，春风吹又生……"古人以野草再生为春天来临的象征。野草受地温的影响，每年发青最早。所以入春的主要指标植物为野草开始发青（平均日期为 3 月 8 日 ± 14 天）。此时日平均气温为 3℃，到初春终了时为 6℃。由于各年在入春的时候，气温升降不稳定，所以初春来临的早迟，约有 14 天左右的偏离。

初春乔木或灌木开始萌动发芽，榆树芽萌动较早，随着旱柳、山桃芽膨大，榆树芽开放，雁北飞，北海冰融，蜜蜂群飞。

仲春 当日平均气温为 6°—13℃ 时，为仲春时令。这时主要的物候现象为植物开始开花。指标植物为榆树始花（平均日期为 3 月 19 日 ± 10 天）。

乔木或灌木如山桃、加拿大杨、连翘、杏树、玉兰、探春花、小叶杨、旱柳、绦柳、榆叶梅、紫丁香等次第开始开花。

季春 当日平均气温为 14°—19℃，为季春时令。指标植物为紫荆始花（平均日期为 4 月 17 日 ± 7 天）。

乔木或灌木如京白梨、色木槭、西府海棠、日本樱花、苹果、胡桃、紫藤等次第始花，蛙始鸣，燕始见。4 月杪至 5 月初牡丹、桑树、泡桐花开，榆树翅果成熟，柳絮飞扬。此时呈现暮春景色，遍地花开。在春季最引人注目的物候现象，为旱柳或垂（绦）柳抽青早，可视为迎春的物候，而到春末柳树种子成熟，柳絮到处飞扬，又可视为送春的物候。

季春来到，冬小麦拔节。棉花、谷子、春玉米相继播种。

北京的春季，时有大风，这是特点。1972年仲春时季风大，阴天多，在桃、杏开花时，果树授粉受到不良影响。

夏 季

北京的夏季，以物候现象来看，可分为初夏、仲夏、季夏三个阶段。

初夏 当日平均气温升高达20°—23℃，为初夏时令。初夏方临的指标植物为刺（洋）槐盛花（平均日期为5月9日±6天）。

这个时令，芍药花开，柿树始花，君迁子、荷花丁香、臭椿、枣树等次第始花，布谷鸟鸣，桑葚成熟。

冬小麦抽穗、开花，水稻插秧。

仲夏 日平均气温从24℃上升至27℃，又下降至26℃，此时是北京最热时期，为仲夏时令。仲夏开始时的指标植物为板栗盛花、栾树盛花（平均日期为6月7日±8天）。

这个时令，合欢、梧桐、木槿、紫薇、槐树等次第开花。蚱蝉始鸣，布谷鸟终鸣。

冬小麦黄熟，棉花现蕾、开花，高粱、夏玉米播种，春玉米开花、吐丝，水稻拔节，谷子抽穗。

季夏 日平均气温从26℃下降至22℃，此时溽暑渐消，中午仍热，早晚已有凉意，是为季夏时令。季夏开始的指标植物为槐树盛花（平均日期为7月29日±15天）。

这个时令，枣子成熟，芦苇扬花，蟋蟀始鸣。

水稻、高粱抽穗，春玉米、谷子成熟。

秋 季

北京的秋季，景色宜人，不冷不热，为一年中最好的一季，也是四季中最短的一季。可分为初秋、仲秋、季秋三个阶段。

初秋　日平均气温由21℃逐渐下降至17℃，初秋的指标植物为梧桐、合欢、紫荆种子成熟。木槿开花末期（平均日期为9月13日±10天）。

这个时令，杜梨、君迁子果实成熟，板栗成熟，白蜡、荷花丁香的种子成熟。白蜡、苹果叶初变秋色。蚱蝉终鸣。

棉花吐絮，高粱成熟。

仲秋　日平均气温从16℃降至14℃。仲秋的指标植物为野菊始花（平均日期为9月27日±10天）。另一指标植物为柿子成熟。

仲秋时令，桑树、玉兰、梧桐、栾树、加拿大杨、色木槭、杏树、黄栌等的叶子初变秋色。野草开始黄枯，芦苇开始黄枯。燕子南飞。

水稻黄熟，夏玉米成熟，冬小麦播种。

季秋　日平均气温从13℃逐渐下降至11℃，季秋开始时的现象为槐树叶初变秋色（平均日期为10月14日±16天）。紫薇叶初变秋色。

叶子较迟变色的树木，如绦柳叶初变黄色。

叶子较早变色的树木，如白蜡的叶子完全变为黄色。蟋蟀鸣声终止。

冬　季

北京的冬季，是一年中最长的一季，可分为初冬和隆冬两个阶段。

初冬　初冬开始时，日平均气温由10℃逐渐下降至6℃。常见的树木，如刺槐、梧桐、小叶杨等开始落叶。初冬的指标植物为最引人欣赏的红叶，如色木槭与黄栌叶完全变红色或黄色（平均日期为 10 月 26 日 ±10 天）。

芦苇大部分变黄到完全黄枯，野草完全黄枯。薄冰初见，夜冻日消。

冬小麦分蘖。

隆冬　进入隆冬，日平均气温从5℃渐下降至0℃以下，隆冬开始的现象是土壤开始冻结（平均日期为 11 月 9 日 ±18 天）。

落叶树的叶子次第落光，最迟落叶的绦柳到了 12 月初叶子也全部脱落。冬小麦停止生长。通常自 11 月下旬降雪，河流封冻，到处是隆冬景象，直到第二年 2 月下旬或 3 月上旬冬尽春来，又是春回大地，绿草如茵了。

依以上的划分，北京四季分段的日数，列表于下：

春季	初春	3/8—3/18……11 天	⎫
	仲春	3/19—4/16……29 天	⎬…62 天
	季春	4/17—5/8……22 天	⎭
夏季	初夏	5/9—6/6……29 天	⎫
	仲夏	6/7—7/28……52 天	⎬…127 天
	季夏	7/29—9/12……46 天	⎭
秋季	初秋	9/13—9/26……14 天	⎫
	仲秋	9/27—10/13……17 天	⎬…43 天
	季秋	10/14—10/25……12 天	⎭
冬季	初冬	10/26—11/8……14 天	⎫…133 天
	隆冬	11/9—3/7……119 天	⎭

从上表来看，北京的春季，多年平均日期从 3 月 8 日开始，为62 天，约占全年两个月；夏季从 5 月 9 日开始，为 127 天，约占全年四个月；秋季从 9 月 13 日开始，为 43 天，约占全年一个

半月；冬季从 10 月 26 日开始，为 133 天，约占全年四个半月。
如图所示：

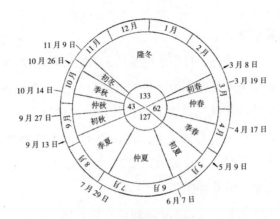

图 1　北京的四季划分图

以物候现象与日平均温度划分四季，并非固定不变的，视各
年物候现象出现的早迟，即可知道哪年季节来临的早迟，对于农
业生产的安排，可以灵活运用。

春、夏、秋、冬四季依物候来划分，是有地区性的，甲地
与乙地季节的起讫日期是不同的，有了各地多年的物候观测记
录，就可以了解该地区伴随季节演变的各种物候现象出现的起
始日期。反过来说，从物候现象的起始日期也可以判断季节的
状况，进而还可以了解今年的季节比常年是迟是早，这对于每
年的农业耕种起着很有价值的参考作用。此外，根据各地物候
季节的不同，还可以了解各地区气候的差异。也可以根据野生
植物判断季节，寻找适合于栽培某种作物的土地，这些资料对
于新开垦的土地制定新的农业规划，或者播种新的作物，都是
重要的参考材料。所以，用物候记录划分物候季节是有重要意

义的。

以自然历预告农时

我国从汉代起，《逸周书》中就有七十二候的物候记载。与古希腊、罗马一样，我国古代也有花历，就是"二十四番花信风"。近年美国理查德·J·霍普（*Richard J. Hopp*）在其《论植物物候观测网》一文中曾述及："早在数千年前，中国和罗马在农业上已采用物候观测和物候历。"[21]我国古代把物候应用于农业生产已有悠久的历史。但是，物候随地而异，各年也有不同，所以古代的月令、花历就未可适用于现在。若以北京近十多年来各种物候现象的平均日期与《逸周书》所载七十二候的物候相比较，就可以看出物候地区性的差异。现在列表（表8）比较于下。

表8　古今物候的比较

《逸周书》中的物候现象	北京近年物候现象与出现的平均日期（月/日）	较差
雨水节二候鸿雁来	雁北飞　3/14	约迟22天左右
惊蛰之日桃始华	山桃始花　3/27	约迟22天左右
春分之日玄鸟至	燕始见　4/20	约迟29天左右

从表8看来，北京近十多年来，各个物候期的平均日期，比较《逸周书》所载的物候，乍看大都推迟20多天，是不是北京近年春初气候变冷呢？从实际情况衡量，《逸周书》所载的物候，大概是东汉京城洛阳和旧都长安（西安）的情况，洛阳、西安的纬度都比北京低五六度。根据我国近年物候记录的分析，春初植物出叶开花，向北每差纬度1度，延迟2—4天。[22]以纬度相差五

六度推算，北京的植物开花约迟 20 天左右，是合乎规律的。候鸟的迁徙，并不完全由于气候的原因，但在春季候鸟从南而北是先到洛阳、西安，后到北京，所以北京春初的物候出现日期比洛阳、西安推迟，主要是由于地理纬度差异的缘故。清初刘献廷说："七十二候本诸《月令》，乃七国（即战国）时中原之气候也。"㉓所谓"中原"即今之洛阳、开封一带。所以古代的月令、花历是不能适用于现在的北京，但可与今河南的洛阳、开封、郑州等地物候相比。我们所需要的是各个地方因地制宜、因时制宜的自然历。春初植物出叶开花是受地球回暖的影响，所以与年初日平均温度5℃以上的积温有密切关系。积温到了一定数目，植物就出叶，再增加多少积温就开花（以先出叶后开花的植物而言）。

北京自然历的制作

制作北京的自然历采用的记录，春季至初夏有8种物候记录系用竺老在北京城内24 年（1950—1973 年）所观测的，以"＊"号在北京自然历中注明。㉔此外，采用北京西郊13 年（1962—1968 年，1972—1977 年）的和北京北郊最近3 年（1975—1977 年）的物候观测记录，以及农作物等记录整理编成。根据最近3 年北京西郊与北郊2 个点的对比观测，有的物候期相同，有的差异不大，故用以编自然历。北京自然历所包括的项目，有植物、动物、农作物的物候期，气象水文现象如霜、雪、结冻、解冻等的出现日期。按北京四季的划分分段，列出物候现象的多年平均日期，又有最早与最迟日期和多年变幅的天数。这些日期是可以活用的，比较古代的二十四节气年年固定在某一日期不变，有较大的优越性。所列各种物候现象，都是与农事有关的明显指标，可以用来预测与农、林生产有关的各种植物开花期到来的日期，以掌握农时。不过这个自然历只是1950—1977年期间的，不能用这个自然历来断定以后几十年或一百年内的北京物候日期，因为物候的迟早、气候的温寒，永远不会停止在一个水平上，总是在变化。不过相差日期不会太远，而各种物候先后出现的次序，循序而进是不会错乱的。

以自然历预告农时，其理论根据是什么呢？在我们周围的自然界中有许多现象是在时间上有节律地、周期性出现。例如，每年的季节变化，就有与此有关的植物的花开、花谢和结实，候鸟的春来秋去。在时间上重复出现的物候现象，并不是彼此分离的，而是相互联系的。恩格斯说："动物经过它们的劳动也改变外部的自然，虽然在程度上远不如人那样。我们也看到：那经过它们改变了的环境，又反过来作用于它们，使它们也起一定的变化。因为在自然界中没有孤立发生的东西。事物是互相作用着的……"㉕自然历是自然界的季节变化所出现的各种自然现象的记载。世界上有很多国家如法国、西德、挪威、苏联、意大利等国都曾制定有地区的自然历。㉖北京的自然历揭示了北京地区季节变化的周期性，各种物候现象每年周而复始地有规律地递变。动植物的周期性现象是受到气候要素的综合影响，这首先取决于地球的旋转及地球对于太阳的位置。各种物候现象，每年均按一定的先后次序出现，有其顺序性。各种物候现象彼此之间有其相关性，前一种物候现象来临的早迟与继后出现的物候现象之早迟有密切关系。

表9 北京的自然历（1950—1977年期间）

月份	物候现象	平均日期（月/日）	最早日期（月/日）	最晚日期（月/日）	多年变幅（天数）
		初　春			
2月	土壤表面开始日消夜冻	2/25	2/13	3/13	28
	旱柳芽膨大	27/2	12/2	3/24	40
	榆树芽开放	2/28	2/18	3/13	23
3月	冬小麦返青	3/1	2/14	3/16	30
	土壤完全解冻	3/3	2/13	3/21	36
	野草发青	3/8	2/20	3/19	27
	终雪	3/10	2/12	4/5	52
	垂（绦）柳芽膨大	3/11	2/26	3/19	21
	雁北飞	3/11	2/18	3/24	34
	*北海冰融	3/12	2/24	3/29	33
	蜜蜂群飞	3/15	2/24	3/28	32
		仲　春			
	榆树始花	3/19	3/9	3/29	20
	*山桃始花	3/29	3/18	4/8	21
4月	加拿大杨始花	4/2	3/25	4/11	17
	连翘始花	4/2	3/30	4/4	5
	*杏树始花	4/4	3/25	4/13	19
	玉兰始花	4/4	3/25	4/15	21
	探春花始花	4/5	4/2	4/10	8
	小叶杨始花	4/5	3/25	4/20	26
	碧桃始花	4/6	4/2	4/12	10
	垂（绦）柳开始展叶	4/6	3/29	4/16	18
	旱柳始花	4/6	3/28	4/20	23
	山桃开始展叶	4/8	3/28	4/14	17
	垂（绦）柳始花	4/9	4/1	4/16	15
	辛夷始花	4/10	4/3	4/18	15

月份	物候现象	平均日期（月/日）	最早日期（月/日）	最晚日期（月/日）	多年变幅（天数）
	枣树发芽	4/11	3/29	4/16	18
	榆叶梅始花	4/12	4/5	4/20	15
	鸭梨始花	4/12	4/5	4/20	15
	*紫丁香始花	4/15	4/4	4/25	21
季　春					
	京白梨始花	4/16	4/7	4/24	17
	终霜	4/17	3/7	4/25	49
	紫荆始花	4/17	4/11	4/25	14
	色木槭始花	4/17	4/11	4/26	15
	冬小麦拔节	4/18	4/8	4/23	15
	西府海棠始花	4/18	4/11	4/26	15
	棉花播种	4/18	4/12	4/19	7
	杜梨始花	4/19	4/14	4/28	14
	日本樱花始花	4/19	4/13	4/28	15
	蛙始鸣	4/19	4/7	5/4	27
	*燕始见	4/21	4/12	4/25	13
	枣树芽开放	4/22	4/11	4/28	17
	白蜡始花	4/22	4/11	5/2	21
	苹果始花	4/22	4/16	4/30	14
	胡桃始花	4/24	4/17	5/2	15
	紫藤始花	4/25	4/19	5/4	15
	牡丹始花	4/25	4/19	5/3	14
	谷子播种	4/25	4/20	5/8	18
	桑树始花	4/27	4/22	5/8	16
	泡桐始花	4/27	4/21	5/4	13
	春玉米播种	4/27	4/12	5/11	29
	榆钱散落	4/29	4/24	5/7	13
5月	*柳絮飞	5/1	4/24	5/9	15
	雷始闻	5/2	4/9	5/26	47

月份	物候现象	平均日期（月/日）	最早日期（月/日）	最晚日期（月/日）	多年变幅（天数）
	枸树始花	5/3	4/28	5/9	11
	楸树始花	5/3	4/27	5/12	15
	木香始花	5/6	5/1	5/12	11
初　夏					
	*刺（洋）槐盛花	5/9	5/3	5/14	11
	冬小麦抽穗	5/11	5/5	5/18	13
	芍药始花	5/15	5/9	5/22	13
	冬小麦开花	5/15	5/9	5/20	11
	柿树始花	5/16	5/9	5/22	13
	君迁子始花	5/19	5/10	5/28	18
	水稻插秧	5/20	5/18	5/31	11
	荷花丁香始花	5/21	5/16	5/26	10
	太平花始花	5/22	5/18	5/30	12
	*布谷鸟始鸣	5/23	5/12	5/28	16
	臭椿始花	5/24	5/16	5/30	14
	枣树始花	5/27	5/20	6/4	15
	桑葚成熟	5/29	5/25	6/3	9
6月	枣树开花盛期	6/1	5/25	6/7	13
	栾树始花	6/2	5/28	6/11	14
仲　夏					
	板栗始花	6/4	5/23	6/11	19
	板栗盛花	6/7	5/28	6/12	15
	栾树盛花	6/7	5/29	6/15	17
	合欢始花	6/11	6/5	6/18	13
	冬小麦黄熟	6/15	6/6	6/20	14
	棉花现蕾	6/16	6/12	6/21	9
	高粱播种	6/17	6/14	6/20	6
	蚱蝉始鸣	6/22	6/1	7/7	36
	夏玉米播种	6/22	6/17	6/28	11

续表

月份	物候现象	平均 日期 （月/日）	最早 日期 （月/日）	最晚 日期 （月/日）	多年 变幅 （天数）
7月	梧桐始花	6/24	6/11	7/6	25
	木槿始花	7/4	6/25	7/19	24
	春玉米开花	7/13	7/6	7/27	21
	紫薇始花	7/13	7/4	7/21	17
	棉花开花	7/14	7/8	7/25	17
	春玉米吐丝	7/16	7/10	7/24	14
	槐树始花	7/17	7/8	7/26	18
	水稻拔节	7/19	7/15	7/21	6
	谷子抽穗	7/20	7/14	8/5	22
	海州常山始花	7/23	7/16	7/28	12
	布谷鸟终鸣	7/24	7/9	8/5	27
季　夏					
8月	槐树盛花	7/29	7/11	8/10	30
	蟋蟀始鸣	8/5	7/17	8/22	36
	水稻抽穗	8/13	7/30	8/26	27
	高粱抽穗	8/19	8/6	8/27	21
	春玉米成熟	8/26	8/14	9/12	29
	枣子成熟	8/28	8/9	9/15	37
	芦苇扬花	8/28	8/2	9/19	48
	谷子成熟	8/30	8/21	9/10	20
初　秋					
9月	梧桐种子成熟	9/8	8/27	9/19	23
	棉花吐絮	9/9	8/24	9/20	27
	合欢种子成熟	9/12	9/2	9/22	20
	紫荆种子成熟	9/13	9/2	9/19	17
	木槿开花末期	9/13	9/6	9/26	20
	杜梨果实成熟	9/13	8/28	9/28	31
	白蜡种子成熟	9/19	8/31	10/8	38
	荷花丁香种子成熟	9/20	9/15	9/24	9

月份	物候现象	平均日期（月/日）	最早日期（月/日）	最晚日期（月/日）	多年变幅（天数）
	高粱成熟	9/22	9/14	9/30	16
	君迁子果实成熟	9/23	9/9	9/27	18
	板栗成熟	9/24	8/28	10/9	42
	苹果叶初变秋色	9/24	9/13	10/9	26
	白蜡叶初变秋色	9/24	9/18	9/30	12
	蚱蝉终鸣	9/25	9/5	10/5	30
仲　夏					
10月	柿成熟	9/26	9/4	10/17	43
	野菊（黄花）始花	9/27	9/13	10/3	20
	水稻黄熟	9/27			
	冬小麦播种	9/29	9/22	10/9	17
	夏玉米完熟	9/29	9/5	10/2	27
	桑树叶初变秋色	9/29	9/18	10/19	31
	玉兰叶初变秋色	9/29	9/12	10/14	32
	梧桐叶初变秋色	10/1	9/18	10/17	29
	栾树叶初变秋色	10/1	9/13	10/11	28
	加拿大杨叶初变秋色	10/2	9/12	10/16	34
	刺槐叶初变秋色	10/3	9/14	10/17	33
	紫丁香叶初变秋色	10/4	9/14	10/13	29
	色木槭叶初变秋色	10/4	10/1	10/15	14
	燕子南飞	10/4	9/7	11/9	63
	紫荆叶初变秋色	10/5	9/14	10/25	41
	合欢叶初变秋色	10/5	9/23	10/20	27
	杏树叶初变秋色	10/6	9/5	10/24	49
	木槿叶初变秋色	10/6	9/26	10/13	17
	野草开始黄枯	10/6	9/15	10/28	43
	黄栌叶初变秋色	10/7	9/29	10/16	17
	芦苇开始黄枯	10/7	9/18	10/30	42
	紫藤叶初变秋色	10/8	9/20	10/31	41
	山桃叶初变秋色	10/9	9/25	10/29	34

续表

月份	物候现象	平均日期（月/日）	最早日期（月/日）	最晚日期（月/日）	多年变幅（天数）
	季　秋				
	紫薇叶初变秋色	10/11	9/25	10/31	36
	初霜	10/13	9/25	11/15	51
	槐树叶初变秋色	10/14	9/23	10/25	22
	垂（绦）柳叶初变秋色	10/15	9/19	11/2	44
	蟋蟀终鸣	10/15	9/26	10/30	34
	白蜡叶全变色	10/15	9/30	10/27	27
	槐树种子成熟	10/18	10/4	11/3	29
	初　冬				
	刺槐开始落叶	10/19	10/12	11/2	21
	梧桐开始落叶	10/22	10/13	10/29	16
	芦苇普遍黄枯	10/22	10/6	11/3	28
	小叶杨开始落叶	10/25	10/6	11/2	27
	色木槭全变红色	10/26	10/18	11/1	14
	黄栌叶全变红色	10/26	10/17	11/5	19
	冬小麦分蘖	10/28	10/10	11/18	39
	合欢叶全变黄色	10/31	10/24	11/9	16
	枣树叶落尽	10/31	10/18	11/7	20
11月	白蜡叶落尽	11/1	10/20	11/15	26
	加拿大杨叶落尽	11/2	11/1	11/20	19
	芦苇完全黄枯	11/4	10/30	11/12	13
	薄冰初见	11/4	10/22	11/19	28
	栾树叶落尽	11/5	10/25	11/12	18
	野草完全黄枯	11/5	10/15	11/19	35
	隆　冬				
	合欢叶落尽	11/8	10/27	11/18	22
	土壤开始冻结	11/9	10/14	11/20	37
	梧桐叶落尽	11/9	10/30	11/26	27
	木槿叶落尽	11/9	10/31	11/18	18
	紫荆叶落尽	11/10	10/29	11/18	20

续表

月份	物候现象	平均日期（月/日）	最早日期（月/日）	最晚日期（月/日）	多年变幅（天数）
	色木槭叶落尽	11/11	10/21	11/22	22
	胡桃叶落尽	11/12	10/24	11/18	25
	桑树叶落尽	11/12	10/26	11/23	28
	玉兰叶落尽	11/13	11/5	11/27	22
	紫薇叶落尽	11/13	11/4	11/20	16
	山桃叶落尽	11/14	11/2	11/20	18
	苹果叶落尽	11/15	10/23	12/4	42
	杏树叶落尽	11/16	11/7	11/21	14
	紫丁香叶落尽	11/16	11/7	11/24	17
	黄栌叶落尽	11/19	11/16	11/26	10
	小叶杨叶落尽	11/22	11/15	11/29	14
	紫藤叶落尽	11/23	11/16	12/4	18
	初雪	11/23	11/5	12/18	43
	榆树叶落尽	11/25	11/6	12/8	22
	冬小麦停止生长	11/26	11/10	12/8	28
12月	垂（绦）柳叶落尽	12/1	11/23	12/7	14

　　还有需要说明的，木本植物与农作物有什么关系呢？有人发出疑问。按农作物的祖先，原是野生植物，千百年来经过人工培育，引种驯化和杂交，而成为现在的农作物的种和品种，因为受了人工控制，它可以适应于各种外界环境条件，但是它并未完全改变原来的生活习性或遗传性，这样野生树木花草与农作物就有亲缘关系，所以它们之间有相关性。也就是树木、野生植物与农作物的物候期的出现，也有相关性。由于有上述这些规律，所以根据自然历就可以预告农时。农村流行的农谚有"人不知春草知春"。《吕氏春秋·任地》篇说："冬至后五旬七日，菖始生（菖，菖蒲，水草也。冬至后五十七日而挺生）。菖者，百草之先生者也，于是始耕（传曰，

土发而耕，此之谓也）。"[20]可知谚语所说"人不知春草知春"，在两千多年以前我国劳动人民已经知道，而且还树立以菖蒲为指标，因菖蒲是草中最早在春初发生的。所以当人们在初春看见野草返青，土壤解冻，就知道春到人间，田间耕作快要开始了。

看物候不但可以预先知道宜于在什么时候播种，还能预先知道在什么时候收获。北京冬小麦的适宜播种期，一般是在野菊花（开黄花的）开花的时候。野菊始花，是冬小麦播种的指标植物。小麦黄熟，一般是在合欢开花的时候。合欢始花，是冬小麦黄熟的指标植物。棉花的播种期，华北有"枣芽发，种棉花"的农谚，不仅枣树发芽是播种棉花的指标植物，而紫荆的始花期也是播种棉花的指标植物。根据作者在北京和在湖北省潜江县广华寺附近的亲身观测，皆是如此。有了指标植物，就可以根据自然历用下列方程式作农作物播种期和收获期的预告，或作某种植物开花期到来的预测。

$$D = A_1 + (I - A)$$

上式 D 表示某种植物开花始期到来的预测日期，I 表示指标植物开花始期的多年平均日期，A 表示早于指标植物先开花的植物开花始期的多年平均日期，A_1 表示早于指标植物先开花的植物当年的开花始期。

根据当年的物候观测记录，应用上列方程式，即可算出所需求的开花始期，知道预测的开花始期，即可预告农时。

对作物收获期的预告，还有另外一种方法，从作物本身的物候期去推算。就是要从多年的物候记录中，查明这种作物从开花期到成熟期中间相隔的日数。当知道这一年这种作物的开始开花的日期，再加上从开花到成熟期的日数，这样就可以知道这种作物收获的大致日期。但是须要考虑当年的天气条件，再加以校正。

近几年来，已有山西原平、四川宜宾、广西桂林、四川仁寿、河南洛阳、江苏盐城、陕西西安、浙江杭州等地区作了该地四季的划分与自然历，并发表文章多篇。其他地区亦正在制作中。

四川宜宾市物候观测研究小组陈万生同志根据宜宾的自然历[28]自1974—1976年作宜宾水稻播种期预测的研究，选择李始花，相当于日平均气温稳定通过10℃时，为早稻选种、浸种、催芽的物候指标；梨始花（或李盛花），相当于日平均气温稳定通过12℃时，为早稻播种落泥的物候指标；刺槐始花，相当于日平均气温稳定通过15℃时，为早稻插秧的物候指标，用之于早稻播种期预测，获得成功。[29]

山西省原平县水利局向农同志根据其编制的山西省原平县物候历[30]作高粱播种期预告的研究，找出适宜于高粱播种期的物候指标，定梨树开花盛期到刺槐开花盛期为高粱播种期的上限和下限日期。据1978年11月7日《忻县地区报》报道：今年县委大力支持农业部门，应用物候方法调整了今年的高粱播种时间，及时地向全县发出了预告，使全县适时下种的面积由去年的48.4%，增加到了今年的82%，基本上做到了适时下种。经历半年多时间的实践检验，今年全县下种的高粱普遍苗全苗壮。据县农业技术站的调查，全县高粱黑穗病发生率较去年减少3%以上。

四川省仁寿县钟祥区建新中学王梨村同志曾根据其所制作的《仁寿四季的划分》和《仁寿县的自然历》，结合农谚对公社作农时预报。

广西植物研究所植物标本园就对五十多种的物候观测记录作了雁山地区四季的划分和物候历，可以为农事季节作预告参考之用。[31]

山东省潍坊市第三中学王春煦同志从事养蜜蜂十多年，他自1966 年起进行十余年的物候观测记录，制定当地的自然历，结合定地饲养意大利蜜蜂的实践，与对蜂群生活习性多年观察资料，制定了养蜂月历。他在养蜂实践中找出了当地一些物候现象的周期变化与蜂群对季节变化所发生的反应的相关性，利用物候为指标，适时采取相应的管理措施。[32]如当垂柳枝条变青、芽始萌动时，蜜蜂将要飞翔排粪，要进行箱脾消毒。榆树开始开花吐粉时，是进行奖励饲养的适宜时期。当泡桐开花时，就要准备组织刺槐花期的采蜜群，到了刺槐开花，即组织蜂群采蜜、造脾，开始养王。枣树始花时，组织强壮蜂群转地放蜂采枣花，等等。他并指出，蜜蜂的品种不同，其生物学特性也不一样，所以对蜂群管理所用的物候指标也不能千篇一律。观测物候，其目的在于掌握自然界变化的规律，据此及时正确地采取综合措施，培养强群，利用蜜源，为发展养蜂生产服务。这样的论点是正确的。

物候学应用于卫生防疫的作用，曾得到验证。四川宜宾物候观测研究小组与宜宾市卫生防疫站曾对疟疾的发生与物候的关系进行了研究。[33]经过观测、实验和分析，当每年春季日平均气温稳定通过 10℃时，正是传疟媒介——中华按蚊结束越冬，开始血食活动的临界温度。自此中华按蚊开始吸血→胃血消化→卵巢发育→产卵等一系列的生长、发育过程。此时宜宾的物候标志是李始花。当春末日平均气温稳定通过 14.5℃时，传染源（配子体）

被中华按蚊吸血时进入蚊胃内开始孢子增殖发育。此时宜宾的物候标志是刺槐始花。当有效积温（14.5℃以上）达到 105 度日时，间日疟原虫发育成熟，疟疾进入流行期，新病例开始出现（尚需加上潜伏期 13 天）。此时宜宾的物候标志是合欢始花，小麦开始成熟。及至秋末日平均气温稳定低于 10℃时，中华按蚊便停止血食活动，进入越冬滞育期，疟疾传播终止。此时宜宾的物候标志是梧桐叶落尽，白粉蝶绝见，蟋蟀终鸣。以上所述为宜宾的疟疾发生是伴随着中华按蚊媒介在一年中的季节消长与发育过程，都有相对应的物候现象出现。这些物候指标，根据宜宾的自然历，只要以当年的物候观测记录，即可计算出中华按蚊开始传播疟疾和终止流行的日期，对预测疟疾的发生、流行和防治措施都有理论和实际的指导意义。

根据自然历，还可以预报害虫的出现日期。例如，苏联波波夫曾提出预报为害甘蓝的甘蓝蝇发生日期的方法，他的方法是寻找两个指示植物，其中一个是指示害虫出现时期的，另一个是在害虫发生期 10 到 12 天以前的指示植物（又叫做报警植物）。为了达到预报的目的，首先必须在多年记载病虫害发生的资料中，确定那个地方甘蓝蝇发生的日期，再从多年的物候资料中寻找某种乔木或者灌木的开始开花期，这恰巧也是甘蓝蝇发生的日期。按照上面所说的办法查明锦鸡儿开始开花期平均在 5 月 6 日，这就是甘蓝蝇出现的预告植物，然后在物候资料中再选出比锦鸡儿早 10 到 12 天开始开花的乔木或者灌木，这样又找着在 4 月 24 日开始开花的是杏树，那么，杏树就是报警植物。当杏树开始开花的时候，就可以预告在 10 到 12 天以后甘蓝蝇可能出现，这样就可以先作准备，预防虫害的发生，然后在锦鸡儿开始开花以前和以后一两天，观测是否有甘蓝蝇出现。㉞很明显在这种情况下，要确定最好的防治时期指示植物的时候，必须注意天气状况。用这种方法预防虫害，在选择预报植物和报警植物的时候要特别慎重。

我国近十多年来运用物候观测，预防虫害，也取得良好效果。河南省方城县广大贫下中农、革命干部和科学技术人员，遵照毛泽东同志的正确而重要的教导——"要注意灭虫保苗"、大抓群测群治虫害的科学实验活动。㉟该县十多年前建立虫情测报站一百多处，培养农民测报员五千多人，在测报防治的反复实践中，他们采取定卵观测，定虫跟踪，物候记载等办法，初步掌握了主要害虫的发生时间和规律。根据物候观测，群众总结了许多经验。如：迎春花开，杨树吐絮，小地老虎成虫出现；桃花一片红，发蛾到高峰；榆钱落，幼虫多。花椒发芽，棉蚜孵化；芦苇起锥，向棉田迁飞。五月鲜桃尖发红，赶快诱杀棉铃虫。小麦抽穗，吸浆虫出土展翅，等等。实践证明，物候观测，印象深刻，预报准确。他们还编有防治"地老虎"的歌诀："榆钱落，幼虫多；定虫跟踪规律摸；防治时机在黑夜；八九点钟最适宜。"㊱这是运用观测物候现象，定出指标植物。如从自然历预报这些指标植物的某些现象出现的日期，则对于预报虫害，更可以提高效用。

还有江苏省盐城县秦南中学物候观测小组，自1967年以来，运用物候观测，对稻、麦、棉主要农作物的病虫害开展预测防治，取得了较好效果。如预测预报水稻的一代二化螟，依据的物候指标为：毛桃开花，稻根螟虫开始化蛹；紫藤始花，螟蛾始见；刺槐始花，化蛹进入盛期；刺槐盛花，野蔷薇盛花，螟蛾盛发；野蔷薇开花末期，萱草始花，卵块盛孵，幼虫出来危害。根据二化螟的不同化蛹阶段，控制不同水层灌水，再结合苗情，卵块密度，打药灭幼虫和蛹，一般水稻分蘖，初见枯鞘即可用药防治。预测预报三麦粘虫，依据的物候指标为：迎春花始花，是粘虫成虫进入发蛾始期；菜花一片黄，桃花一片红，粘虫成虫进入发蛾高峰期；刺槐始花，粘虫幼虫进入危害期。预测预报棉花蚜虫，依据的物候指标为：柳树飞絮，刺槐开花，榆钱变黄色时，就是寄主植物木槿上的有翅棉蚜进入迁飞高峰期。

又近几年来，江苏盐城秦南地区耕作制度改变，发展为稻麦两熟，麦棉套作，早、中、晚稻混栽等，使三代三化螟找到丰富食料，危害迟熟的中稻和晚稻。他们与贫下中农一起，争取合理调整布局，恶化害虫的取食条件，改变害虫与寄生植物的物候关系。比如根据水稻的生育期与螟害的关系，采取早、中稻早栽，晚稻改用中粳稻迟栽的办法，这样既有利于水稻的正常生长，而且抑制了害虫的发生，大大减轻了螟害。此外，也可根据水稻不同品种的特性，结合水稻生育期长短的不一致，适时栽秧，使农作物遭受虫害的危险期与螟虫盛发期错开，避免螟害。[57]

北京市各种行道树虫害的发生期，经过北京市园林局多年的观察，都有相对应的物候期，他们也进行物候观测，作虫害发生期的预测。例如，当毛白杨雄花盛开时，正是松树大蚜虫孵化出来。当柳絮盛飞时，就是杨树天牛正多的时候。当刺槐开花时，正是桃树桑白介壳虫孵化出来。吃树叶最严重的害虫为槐尺蠖，每年发生三代，一代为害期，正是刺槐始花期；二代为害期是枣树开花盛期，栾树开花盛期；三代为害期正是槐树花蕾开放时。有了这些指标植物，也可以应用上列方程式，预测虫害发生期，加以防治。

自然历是地方性的历，但地区之间还是有联系的。如以北京的自然历与四川宜宾、陕西西安的自然历相比较，都是以刺槐盛花期为夏季来临的指标植物，由此可见，以物候划分四季在某一区域之内，有其共同性。以自然历预告农时的优点，基于自然界物候现象的出现，系受气候、土壤、水分等多因子的综合影响的反映，各物候现象彼此之间相互联系，有相关性，知道前一种植物的开花期，就可以推算后一种植物的开花期，这比选用个别因子所作的方程式进行预告开花期，更为合理准确。

自然历制作后，无需年年修订，不随耕作制度的改变而改变，仍可根据自然历作农时预告。

又在没有气象记录的地方，根据自然历和当年的物候观测，即可预告农时。不仅是这样，还可以反过来由物候现象推算温度的高低。这对于农业生产有很多便利。

农、林、牧、副、渔各生产部门，学校教学，以及生物科学的研究单位，都可就其需要，选择观测目标，累积观测记录，在若干年后就可以制成需要的自然历，配合日后气候的变化灵活应用。

一个地区的自然历，只要人民公社的生产队队员一二人受短期训练，从一小块地面上，进行观测，持之以恒，便可做出。对于预告当地一年四季的农时，就大有裨益。中国向来以农立国，1700多年以前，贾思勰已在《齐民要术》中提倡物候历，这比单纯依靠有关节气的农谚，如"秋分早，寒露迟……"来预测农时，更为确实可靠。现时国家建设以农业为基础，实现现代化，各省市能费一点力量，依据物候学和农业气象学的原则，做出本地区的自然历（物候历），对于农业生产会有所帮助。

注释

①《十年来我国的农业气象科学研究工作》，《气象学报》第 30 卷，第 3 期，第 283 页，1959 年 8 月，科学出版社出版。

②《二十四节气与农业生产》，《气象学报》第 31 卷，第 1 期，第 67 页，1960 年 2 月，科学出版社出版。

③中央气象局农业气象研究室：《编制棉花播种期预报的讨论》，《气象学报》第 31 卷，第 1 期，第 2 页，1960 年 2 月，科学出版社出版。

④四川绵阳专区农田水利局流动工作组：《物候观测与播种期》，《四川日报》，1961 年 11 月 16 日第 3 版。

⑤⑥⑮⑯㉖F·施奈勒：《植物物候学》附图第 5 图、170、100、101—102、109 页。

⑦⑧库里克：《物候预报编制法》，《苏联农业气象译丛》第一集，第 78 页和第 114 页，1954 年，财政经济出版社出版。

⑨波尔庆·柏：《植物对于温度变动的反应》（W. G. Balchin and N. Pye: Observations on Local Temperature Variation and Plant Response），《英国生态学报》第 38 卷，第 345 页，1950 年出版。

⑩维次凯维奇著，陈德鑫等译：《农业气象学》下册，第 274 页，1955 年，财政经济出版社出版。

⑪宛敏渭、刘明孝、崔读昌：《冬小麦播种期与生长发育条件的农业气象鉴定》，1958 年 12 月，科学出版社出版。

⑫《陈旉农书》，1965 年 7 月，农业出版社出版。

⑬《王祯农书》，1963 年 5 月，农业出版社出版。

⑭张宝堃：《中国四季之分配》，《地理学报》创刊号，1934 年 9 月。

⑰侯宏森译：《农业气象学基础》第 334—341 页，1963 年 9 月，科学出版社出版。

⑱竺可桢 1950—1973 年的北京城内（北京地安门、北海公园及中山公园）的物候观测记录，见本书表 6 ［一］。

⑲采用中国科学院地理研究所在北京西郊颐和园及北郊办公楼附近的物候观测记录。

⑳见本书第 51 页。

㉑Richard J. Hopp: Plant Phenlogy Observation Networks. In Phenology and Seasonalicy Modeling. P. 25，1974.（H. Liech，ed.）New York，Springer-Verlag.

㉒参阅《1963 年中国之物候》及《1964—1965 年中国动植物的物候》，载《中国动植物物候观测汇报》第 1 号（1963 年）及第 2 号（1964—1965 年），中国科学院地理研究所编，1965 年 12 月及 1977 年 7 月科学出版社出版。

㉓刘献廷：《广阳杂记》卷三。

㉔见本书表 9。

㉕曹葆华、于光远、谢宁译：《恩格斯自然辩证法》第 144 页，1955 年，人民出版社出版。

㉗《吕氏春秋》卷二十六，四部丛刊本。

㉘四川省宜宾市物候观测研究小组：《宜宾四季的划分》、《宜宾的自然历（1964—1976 年）（初稿)》载《宜宾市科技》1978 年第 1 期，宜宾市科学技术委员会印。

㉙宜宾物候观测研究小组：《物候学与农业生产——兼谈宜宾早稻播种期的物候标志》，1977 年 5 月，宜宾地区科学技术委员会印。

㉚《山西省原平县物候历》，1974 年 8 月，原平县革命委员会水利局印。

㉛广西植物研究所第一研究室植物标本园：《雁山地区物候与四季的划分（初稿)》，载《植物研究通讯》1977 年第 2 期，广西植物研究所编。

㉜王春煦：《物候学在养蜂生产上的实际应用——再谈物候和养蜂》，1977 年 10 月，山东省潍坊市第三中学印。

㉝参阅陈万生、赵大忠、黄钝夫：《疟疾与物候》，《宜宾市科技》1981年第1期，四川省宜宾市科学技术情报研究所编印。

㉞波波夫：《学校中物候观测法》第67—96页，1950年，莫斯科版。

㉟河南方城县革命委员会：《群测群治，灭虫保苗》，载《科学实验》1972年第6期，1972年6月科学出版社出版。

㊱见1972年北京全国农业展览会的展览介绍说明。

㊲江苏盐城县秦南中学物候观测小组：《物候与虫害》，载《气象》1976年第11—12期第27页，中央气象局编。

六、一年中生物物候推移的原动力

我们从上面几章所讲的很可以得到一种印象，以为一年中各类物候，无论是无生命的降霜、下雪，或是果树的开花结果，候鸟的春来秋往，统是受了气候的控制，尤其是气温寒暑的控制，因此而得出结论，认为生物物候的推移，无非是一年一度地循环着、重复着，而没有内部机制来主动这种循环，来利用环境的变动。若有了这样想法，那我们就不是辩证唯物主义者，而落入到机械唯物论的窠臼里去了。

生物物候的内在因素和外在因素

毛主席在《矛盾论》中指示我们："在人类的认识史中，从来就有关于宇宙发展法则的两种见解，一种是形而上学的见解，一种是辩证法的见解，形成了互相对立的两种宇宙观。列宁说：'对于发展（进化）所持的两种基本的（或两种可能的？或两种在历史上常见的？）观点是：（一）认为发展是减少和增加，是重复；（二）认为发展是对立的统一（统一物分成为两个互相排斥的对立，而两个对立又互相关联着）'。"①一年一度的生物物候现象是生物发展的一个片段，若是我们认为生物物候的推移完全由于一年一度的寒暑循环，就是说由于外力的推动，这就是形而上学的看法，而辩证法的宇宙观则认为要从事物的内部，从一事物对他事物的关系去研究事物的发展，正如毛主席在《矛盾论》中指出："事物发展的根本原因，不是在事物的外部而是在事物的内部，在于事物内部的矛盾性。"②

我国唐、宋的诗人从原始的自发的唯物主义角度歌唱生物物候是由内在因素所控制的，所以杜甫《腊日》诗："腊日常年暖尚遥，今年腊日冻全消。侵陵雪色还萱草，漏泄春光有柳条。"③苏轼《惠崇春江晓景》诗："竹外桃花三两枝，春江水暖鸭先知。蒌蒿满地芦芽短，正是河豚欲上时。"④柳条能漏泄春光，鸭能先知江水暖，这统是表明物候推移是有内在因素起了作用。唐、宋诗人之所以能有如此直觉的感性认识，也是由于他们审察事物之周密而勤快。诗人如陆游，他的晚年从 50 岁到 80 多岁在浙江绍兴家乡，夙兴夜寐，几乎无时无刻不留心物候。在《十二月九日枕上作》诗里："卧听百舌语帘栊，已是新春不是冬……"⑤又在《夜归》诗里："今年寒到江乡早，未及中秋见雁飞。八十老翁顽似铁，三更风雨采菱归。"⑥可见唐、宋诗人之能体会动植物物候推移的本质，决不是偶然的。

俗语说道："蒲柳之质，望秋先陨。"意思虽是比喻薄弱的东西容易摧折，但却说明了一个真理，即是许多树木像水杨类，当寒冷天气未到以前，老早就已萧萧落叶了。植物之能"未雨绸缪"，严冬未临，早作准备，不仅限于水杨类，而是很普遍。

因为植物既不能走动，而内部又无调整温度的机制，所以必须有抗御严冬的准备，一般阔叶树在夏末秋初的时候，初叶的叶端不再生长叶子，而成为芽鳞，使枝叶的生长点受到保护，不致受严冬的损害。一到春天这芽鳞又能重新再长枝叶[⑦]。在初春未来之前，芽苞、花蕾已跃跃欲试。这完全可以证明毛主席在《矛盾论》里所指出的"唯物辩证法认为外因是变化的条件，内因是变化的根据，外因通过内因而起作用"。[⑧]这是真理。现在我们先谈谈推动物候的外因。

昼夜长短对于物候的影响

上面几章谈到影响物候的气候环境，只注意到温度一个条件，温度虽是外因中的一个重要条件，但决不是唯一条件，而且有时旁的气候条件如昼夜长短，雨量多少，对于物候比温度更为重要。举例来说，候鸟如燕子、雁鹅等一年一度地南来北往，过去认为是受温度的控制。每当春季来临，天气转晴，燕语莺歌，空中就热闹起来，它们筑巢养雏，等到秋初，寒潮一来，所有莺莺燕燕统统沉寂了。所以人们自然地把候鸟的迁徙和春秋两季气温的剧变联系起来。但是实际上起着外因扳机作用的却不是气温的升降，而是昼夜的长短。加拿大洛文教授从 1924 年起曾费了20 多年工夫证明了这一点。他观察一种候鸟黄脚鹬（学名 *Totanus melanoleucus*），这种鸟每年来往于加拿大与南美洲阿根廷之间，春来秋往，长途跋涉一次要飞 16000 公里。据他 14 年的记录，这黄脚鹬春天在加拿大首次下蛋总在 5 月 26—29 日三天之内，他考虑到如若温度是主要条件，决不会如此稳定，而在各种可能外界因素中只有昼夜的长短是每年一定的。他在 1924 年的秋天，把一种雀形似的候鸟（*Junko hyemalis*）在秋天南回时，网罗了若干只。把一部分鸟放在寻常环境里，这时冬季将临，昼长一天短似一天，而把另一部分鸟用日光灯来延长昼长，人工地把昼一天天地延长。到了 12 月间，前一部分的鸟类很安静，而后一部分的鸟类，都大有春意，不但歌唱起来，而且内部生殖腺统统发展到春天模样。这时把它们放出来，凡是经过日光灯照的统向西北飞去，好似春天候鸟一样，虽然这时气温是在冰点以下 20 摄氏度，而未经日光灯照的则大部留在原地。这一试验证明候鸟迁徙的外在条件是昼的长短，而不是温度的高低，[⑨] 但是决定因素还是候鸟内部生殖腺的胀大。外因通过内因而起作用。

　　白昼的长短对植物也一样可以起扳机作用。苏联列宁格勒（现圣彼得堡）一般不能种核桃树，因为 9 月间核桃尚未落叶的时候，列宁格勒的严霜已来临，使得核桃受冻而死。但若在 9 月间于下午 3 时以后把核桃树用柏油防水布遮盖起来使它不见阳光，则霜冻以前树已提早落叶，核桃便可在列宁格勒成长，[⑩] 可见树叶凋零是受昼短的影响。草木开花过去以为只要和暖到一定程度，换句话说，就是如上章所讲积温到了若干摄氏度便会实现。但植物学家和农艺学家于 1920 年已发现植物有昼长植物和昼短植物之分。[⑪] 昼长植物如燕麦、黑麦、马铃薯、红三叶，昼短植物如菊花、烟草、大麻和若干种大豆。前者只能在昼长夜短时期开花，而后者只能在昼短夜长时期开花。有若干植物如苹果、番茄、棉花、荞麦则无论昼长昼短均能开花。[⑫] 所谓昼长昼短其分界线在 12—14 小时之间。我们知道在春分和秋分时节，全世界各处统是昼夜各 12 小时。但在夏至那天即 6 月 21 日，赤道上面虽然仍是昼夜平分，但在北纬 20 度地方，如海南岛的海口，昼长 13 时 20 分；在北纬 30 度地方，如杭州、重庆、拉萨昼长 14 时 5 分；到北纬 40 度，如北京、大同、喀什，昼长 15 小时 1 分；至北纬 50 度，如黑龙江的爱辉、内蒙的满洲里则达到 16 小时 23 分。更北到北极圈北纬 67 度 33 分，夏至那天 24 小时统可见太阳。秋冬开花植物如菊花多为昼短植物，高纬度地方植物，大部为昼长植物。

　　植物开花分为昼长昼短两种类型，是一个重要发现。它一方面有可能回答了古代贾思勰在《齐民要术》所提的若干问题（参阅第二章），更重要的是，它给予农业工作者以一种武器，使我们能驯化或改造植物，而增加农业生产。植物的发育分为营养期和生殖期，掌握了植物开花的类型，就有可能人为地提早或延迟植物开花期，甚至使植物长期存留于营养期而不进入生殖期。烟草是很好的一个例子，烟草是美洲土生的，它生长在北纬 30 度的佛罗里达州北部，能开花结子，可是烟叶的质和量统统不高，但移植到北纬 38 度的马里兰州，由于夏天昼长，造成徒长不孕，反而得到烟叶的丰收。[13]过去美国曾大量从中国、日本引种大豆，大豆开花是短昼型的，在华盛顿（北纬 38 度 53 分）做了不少试验。在华盛顿天然情况下，四类品种大豆，即"满大人"、"北京"、"东京"和"生牛"的开花期，从出苗算起，各为 25、55、65 和 95 天。但在人工控制短昼状况，即每天昼长不到 12 小时情况下，四个品种从出苗到开花统只要 23 到 27 天，在时间上各类大豆统有缩短，而以后两种为尤多。[14]

热带中的物候

昼夜的长短和气温的高低无疑可以对生物物候起一定作用的。饶有兴趣的问题是在热带里一年中无春、夏、秋、冬四季之分，又少昼长昼短之别，是不是草木、动物还有一年的循环节奏呢？住惯热带的人统知道，那里动植物一样有循环节奏。离开赤道七八度或更多的地方，因为有干季、雨季之分，植物有节奏地返青、开花、结果和落叶还是可以理解的，但就是靠近赤道，终年有雨的地方，也是有循环节奏的。这类地方人民既无春、夏、秋、冬预告农时，便可依靠野生植物一年的物候来知道农耕收获的季节。如马来半岛南部的农民把 *Sandoricum koetjape* 树开花作为要种水稻的标志。在太平洋新赫布里底群岛（在澳大利亚东北方）土人也有同样习惯。[⑮]英国海登（R. E. Holltum）教授在新加坡搜集了许多关于草木物候材料，而新加坡有世界四季最不分明的气候。据他的观测新加坡许多植物更新周期是一年，但也有 6 个月或是 9 个月为期的。[⑯]从此可以提出了一个很好的问题，就是在四季如此不分明的地方，植物如是有节奏地生活，究竟是由于外力的环境关系呢？还是由于内部的生理作用？就在热带干湿季很显著的地方，花木的荣枯代谢时期并不与气候完全相配合，虽是大部分是在雨季开花，干季落叶的。在北非洲大草原上有一种含羞草科植物（*Acacia albida*）在雨季时无叶子，要到干季才生叶。又如尼日利亚的许多草本植物开始萌芽是在干季正在高潮时候，而不是在雨季来临的时侯。

总之，在热带里草木返青、开花情况要比温带为复杂，而不如温带里那么协调一致。有时甚至一株树上一枝在抽青，一枝在放花，而另一枝已在结果。这种现象在爪哇木棉树（*Ceiba pentandra*）和杧果（*Mangifera indica*）上时常可以见到。另一种现象是聚生植物如兰科植物中的 *Dendrolium crumenatum*，经一阵雷雨可以霎时百花齐放，像这种现象的节奏性只能说是内部的生理状态，雷雨不过是扳机作用，必须时机已经成熟才能一触即发，这又是一个外因通过内因而起作用的例子。

植物开花的内在因素

谈到推动动植物物候的内在因素，不能不牵涉到生物化学和生理学方面的问题。在这方面，有关文献已是卷帙浩繁，本书又限于篇幅，只是为了阐明物候学中的辩证唯物主义观点，所以在这一节里，粗浅地谈谈植物开花的内在因素。1865 年德国植物学家萨哈（J. Sach）用实验证明在阳光照耀下，植物能生长"成花"的物质，而且可以储藏于植物体内。在这 100 多年期间，植物学家对于开花的机制有三个重要的发现：即（1）春化现象，（2）光周期现象，（3）植物激素和酶的作用。[17]毛主席在《矛盾论》中指出："……辩证法的宇宙观，主要地就是教导人们要善于去观察和分析各种事物的矛盾的运动，并根据这种分析，指出解决矛盾的方法。"[18]这三种发现均从植物发展中内在的矛盾得出来。冬小麦在温带或亚热带里必须在秋季下种到第二年春天方能开花，如在春季下种就不能吐花、结穗，而春小麦却是可以的，这是一个内在矛盾。19 世纪中叶已有人试验把发芽的冬小麦种子在 1℃ 到 6℃ 间冷藏过冬，到春天下种，便能开花。不但冬小麦如此，冬黑麦也是如此。这一事实历经试验证明，名之为春化作用，用人工方法可以解决这一矛盾，春化使植物从营养时期进入生殖时期，好像人从幼年时期进入青年时期一样。

但低温不是唯一的能促进春化的因素。对于短昼植物如冬小麦，缩短光周期，人为地使昼短夜长，也可得到同一结果。[19]而且光周期缩短对于不同的植物，短昼或长昼植物的开花期有相反的结果：它可抑制长昼植物的放花，但却促进短昼植物的放花。光周期的延长对长昼植物起促进作用，而对短昼植物恰恰有相反结果。[20]这就表现了植物的内在矛盾，一面互相对立，一面又互相联结，可称为矛盾的同一性。

植物经光照后能产生一种物质，使其生长繁殖。虽如上述于100多年前已经德国植物学家萨哈证明，但至1926—1928年间才于燕麦的种子尖端发现了植物生长激素（Auxin）。不久人造的生长激素即大量生产为农业和园艺上除莠之用。[21]成花激素（Florigen）不久也在菊科（1950年）中发现，而且从植物中提取的催花喷射剂已应用于人工催花。[22]在夏威夷岛人造催花剂已大量应用于荔枝和波罗蜜果园中。[23]成花激素是一种脂肪酸，一经产生它可以从这一部分流向其他部分，因此而影响全体。

春化作用和光周期现象统可以促进植物从营养时期进入生殖时期，而其所以能起作用，是和外界因素如日光的光化作用与土壤的营养作用无关的。植物内部自有一种机制，这机制未到一定阶段，虽有温暖的气候和丰富的营养也不能使其前进一步。在光周期作用中，黑夜的长短起了主要作用，漫漫长夜对于短昼植物是可以起催花作用的，但一经红光照射，虽刹那时间便使其失效起相反作用。[24]其所以如此乃由于植物内部有一种色素 Phytochrome，这色素经数十年的努力，已于 1961 年被植物生理学家所分离出来，是一种蓝绿色的蛋白质，可能是一种激素（Hormone）。这种激素在植物体内以两种状态贮存着称为 P_1 与 P_2。P_1 对于短昼植物开花有促进作用，而对长昼植物起抑制作用，P_2 则相反。[25]植物在黑暗中时间久则 P_2 变成 P_1，但若经红光（波长 0.66 微米）照射，P_1 又变成 P_2，红光波长若长到近于红外线时（波长 0.73 微米），则又起相反作用。可用方程式表示如下：[26]

$$P_1 \underset{\text{长红光照射}}{\overset{\text{红光照射}}{\rightleftharpoons}} P_2 \xrightarrow{\text{黑夜}} P_1$$

这 P_1 与 P_2 的互相转化也就是毛主席在《矛盾论》中所指出的矛盾的同一性的第二种意义："事情不是矛盾双方互相依存就完了，更重要的，还在于矛盾着的事物的互相转化。这就是说，事物内部矛盾着的两方面，因为一定的条件而各向着和自己相反的方面转化了去，向着它的对立方面所处的地位转化了去。"[27]植物开花的内在机制很清楚地为《矛盾论》做了注脚，但这一内在机制对于植物的生存繁殖却非常重要。

何以候鸟能辨认千里迢迢的归程

在物候工作中有很难解答的一个问题，即在我国每年春天当燕子似曾相识地归来，回到老家以前，它是在南洋热带里渡过冬天的，千里迢迢，它如何能在回途中辨认方向？凭什么东西来导航，使燕子能万无一失地归来呢？这始终是一个谜，是几百年来科学家想解决而未能解决的问题。直到近来生物化学和生理学对于生物机能研究的发展以后，才有解决的可能。为了认识解决这一问题的途径，先谈一谈恩格斯对于生物学上几个重大问题辩证唯物的看法，尤其是他对于生命秘密的看法和生物进化依据的看法，将会有帮助的。对于第一个问题，恩格斯认为："……有机细胞是一切有机体（最下等的有机体除外）在其繁殖和分化下产生和成长的一个单位。有了这个发现以后，有机的、有生命的自然产物的研究——比较解剖学、生理学和发生学——才得到了稳固的基础。于是有机体产生、成长和构造的过程的秘密被揭穿了。"[28]关于第二个问题，恩格斯说："……对植物和动物的胚胎发育的研究（胚胎学），对地球表面各个地层内所保存的有机体遗骸的研究（古生物学）。于是发现，有机体的胚胎向成熟的有机体的逐步发育同植物和动物在地球历史上相继出现的次序之间有特殊的吻合。正是这种吻合为进化论提供了最可靠的根据。"[29]前者是说细胞是一切生命秘密的源泉，后者是说个体发育和种系发育是极相类似的。

1920 年光周期现象（Photoperiodism）的发现给予我们对于候鸟导航机制以一个重大线索。经生理学家和生态学家的研究，知道动植物随昼夜的循环往复，有一种近于 24 小时的节奏，如绿藻的细胞分裂，果蝇的脱皮，提琴蟹的变色，以至于人类体内血液中铁素多少，体温升降，血压高低等，均有近于 24 小时（"Circadian"）的节奏。这一节奏是内在的，而且是世世代代遗传的。把动植物放在几百小时全是黑夜状况下，这 24 小时为期的节奏仍不停继续着，其周期是近于 24 小时，而不是正 24 小时。有了这一机制，有机体能很精密地衡量时间。蜜蜂可以受训练，而使其在 24 小时内，在三个不同时间，在三个不同的方向找到所安置的食物。蜜蜂不但能记得方向而且能记得时间。鸟类也有同样的本能。实验证明候鸟日中是以太阳位置来导航，而晚间是以星宿位置来导航的。[30]

在动植物体内近于 24 小时的节奏中，时间是最主要的参数，而这周期是不受环境温度的影响的。这节奏机制的生理的性质，虽尚未经生理学和生物化学详细阐明，但有一点已经知道，即是有机体内部的核糖核酸（RNA）的合成如发生问题，则节奏即受抑制。[31]也证明机制并非在有机体某一部分，而是在整个有机体的细胞中。如把有机体某一部分 24 小时节奏的机制抑止或改变作用，不影响有机体其他部分的 24 小时的节奏。[32]候鸟如燕子能够日中以太阳导航，晚间以星宿导航，飞行数千公里，不差多少路，好像小说《西游记》里的神话，但却为科学实验所证明。而要揭穿这个秘密也要从细胞中去找，正如恩格斯于 80 多年前所指出那样。

知道星宿太阳位置和时间的关系（不但昼夜的关系，而且也包括春、夏、秋、冬的关系）可以使候鸟认识方向：但是一只雏燕，出世方三四个月，毛羽才丰，秋天一到，即先老燕出发，[33]要远渡重洋到从未问津过的地方去，它如何能认知途径呢？要回答这个问题，就得牵涉到上面所说的第二点了。生物学上早经发现"个体发育（Ontogeny）是种系发育（Phylogeny）的缩影"。《庄子·逍遥游》说道："朝菌不知晦朔，蟪蛄不知春秋。"这是比喻动植物生命的短暂。但个体生物的生命虽短，即使人类虽上寿亦不过百岁；而种系集体生命可是非常长，在地球上自从古生代泥盆纪以来即已有鱼类，可知脊椎动物在地球上已有三亿二千万年左右的历史。[34]在这漫长时期中虽有几千万世代前仆后继，老幼迭相传递，无数个体虽死亡而细胞内部的机制能把生命经历，牢牢记住，遗传下来。以人的胚胎为例，"在胚胎发育的第三周到第四周，人的胚胎非常像鱼，手和脚很像鱼的鳍，而在头部的两侧有许多鳃沟，很像鱼的鳃裂。表明了人类的动物祖先还经过了鱼类的阶段。初受孕的人胎都有尾巴，在第五周期到第六周期时最长，几乎有十个尾椎骨。以后尾巴末端的一些尾椎被吸收掉，游离的尾巴逐渐缩短，以至完全消灭，残留的几个尾椎彼此接合在一起形成了人体内的尾骨。"⑤这样看来有机体的细胞是能存贮无数代个体的经验或信息，而分别加以废置、应用或进化的。

候鸟的祖先据说自第四纪冰川时代起已经每年春来秋往，南北奔波。计算年代已经数百万年至一千万年了。在这期间候鸟细胞中24小时节奏的机制已与它一年一度的迁徙习惯联合起来成为一种先天的感觉技能，好像哺乳类蝙蝠能以超声波来辨别距离那样的技能。而这种技能的机制存在于细胞之中。生物细胞的直径一般不超过几十个微米，而生物界亿万年的进化所形成的关于遗传信息的编码、存储和传递的机制即存在于其中。据生物化学家的研究脱氧核糖核酸（DNA）是细胞中携带遗传信息的主要工具，而哺乳动物每一个细胞有一百亿个以上的核苷酸结构单位。无怪乎模拟细胞的机制需要成立一个簇新的学科，即仿生学（Bionics）。⑥

注释

①②⑧⑱㉗《毛泽东著作选读》，甲种本，第68、70、72、73、106页，1964年，人民出版社出版。

③《读杜心解》，第605页。

④《苏轼诗选》，第149页。

⑤《陆放翁全集》，卷28，第460页，该诗于癸丑十二月九日枕上作。

⑥《陆放翁全集》，卷47，第694页。

⑦㉔尼雪（法国人）：《气候对于植物内在机制物质的影响》(J. P. Nitsch：The Mediation of Climatic Effects Through Endogenous Regulating Substances)《植物生长的环境管制会议论文集》，第十一章，第175—193页。该会议于1962年8月在澳大利亚堪培拉举行。

⑨洛文：《候鸟迁徙之谜》(W. Rowan：The Riddle Migration of Birds；1931)，转引自1947年版《大英百科全书》，芝加哥出版。

⑩霍尔滕：《科学在前进》(J. B. S. Haldane：*Science Advances*)，第51页，1944年，伦敦出版。

⑪奇斯：《光照生理学》(Arthur C. Giese：*Photophysiology*)，第一卷，第306页，1964年，伦敦出版。

⑫⑭⑲威尔式：《作物的适应和分布》(C. R. Wilsie：*Crop Adaptation and Distribution*)，第234—235、235—236、210—212页，1962年，旧金山出版。

⑬道本迈尔著，曲仲湘等译：《植物与环境》，第220页，1965年，科学出版社出版。

⑮立却特：《植物的生物习性与热带气候》(P. W. Richards：Plant Life and Tropical Climates)，《国际第二次生物气候学会议集刊》，第67—75页，1962年伦敦出版。

⑯见《实验生物讨论会会刊》，第159—173页，1953年。

⑰⑳㉑㉒㉓怀德：《作物生产与环境》(R. O. Whyte：*Crop Production and Environment*)，第20—21、27、110、96、113页，1946年伦敦初版，1960年再版。

㉕汉特立克、波斯维克：《光对于植物营养的控制》(S. B. Hendricks and H. A. Borthwich：Control of Plant Growth by Light)，《植物生长的环境管制论文集》，第14章，第253页。

㉖汉特立克：《植物光周期的光化学作用》(S. B. Hendricks：Photochemical Aspects of Plant Photoperiodicety),《光照生理学》，第一卷，第十章，第305 页。

㉘恩格斯：《辩证法与自然科学》，第 23—24 页，1954 年，人民出版社出版。

㉙恩格斯：《反杜林论》，第 71—72 页，1970 年，人民出版社出版。

㉚伊凡思编：《植物生长的环境控制论文集》，第 13 章，汉姆内（K. Hamner）著：《植物内在的节奏》，第 215—230 页，1963 年，伦敦出版。

㉛海司丁：《光在昼夜节奏中的持久作用》，（J. W. Hasting：The Role of Light in Persistent Daily Rhytheme），《光照生理学》第一卷，第十一章，第333 页，1964 年，伦敦出版。

㉜《植物生长的环境控制论文集》第 232 页。

㉝汤姆生：《近代科学》（J. A. Thomson：*Modern Science*），第 105 页，1928 年，伦敦出版。

㉞霍尔慕斯：《物理地质学原理》（A. Holmes：*Principles of Physical Geology*），第 105 页，1945 年，伦敦出版。

㉟吴汝康：《人类的起源和发展》，第 15—16 页，知识丛书，1965 年。

㊱克拉伊兹密尔：《仿生学》，第 25—26 页，1965 年，科学普及出版社出版。

七、我国发展物候学的展望

我国解放以前，物候学很少受人重视，仅有年代不长的物候记录。全国解放后，由于农业气象学工作的开展，各地才有农作物的物候观测，而自然界的物候观测系近十多年来的事，仅有个别地方有个人的较长年代的物候观测记录，虽然年代不长，但加以分析，还可以看出一些规律。现把已经取得的成果，应该进行的工作，以及发展的前途，分别在下面来谈。

我国现代物候工作取得的成果

我国从 1934 年起，前"中央研究院"气象研究所选定植物和动物的种类，委托各地农事试验场的农情报告员兼任物候观测，这是我国最早有组织的物候观测。1937 年抗日战争爆发，观测停顿，所以仅有 1934—1936 年的 3 年记录。其观测结果曾有报告发表。[①]在此以前，个别对物候有兴趣的人，也常在日记中记录物候现象。作者之一曾有 1921—1931 年（1926—1927 年缺）的南京春季物候记载。②解放以后，自 1953 年 3 月中国科学院地球物理研究所与华北农业科学研究所合作，开展冬小麦生长发育农业气象条件的试验工作，才开始有冬小麦的物候观测。继而又进行了棉花和水稻的物候观测。1957 年 1 月中央气象局、中国科学院、中国农业科学院三方面合作，把农业气象工作范围逐渐扩大至全国各地，于是农作物的物候观测工作在全国范围内有了发展。③中国科学院地理研究所曾于 1957—1958 年在北京西郊进行过多种植物的物候观测。而作者之一自 1950 年起直至 1973 年，24 年来，每年有北京的春季物候记载，已列在本书表 6［一］中。④1961 年秋季中国科学院地理研究所与中国科学院植物研究所北京植物园会商进行物候观测事项，制定物候观测方法草案，确定国内各地区共同的物候观测种类（木本植物 33 种，草本 2 种，动物 11 种）。1962 年春季地理研究所会同北京植物园选定颐和园为北京物候观测点，进行物候观测，并于同年夏季会同植物研究所北京植物园函请各省市的有关单位协作进行物候观测，建立物候观测网，共同开展全国性的物候工作。各协作单位按照统一的物候观测方法（草案）于 1963 年开始观测。所选定的观测植物，多数单位曾采取标本，送请北京植物园鉴定学名。1963 年的各地区物候记录，早已出版。⑤"文化大革命"运动中，北京颐和园观测停顿 3 年（1969—1971 年）。北京之外仍有几个单位照常进行观测。1972 年春中国科学院地理研究所恢复北京颐和园的观测工作，重新组织的物候观测网，又于 1973 年春开始观测记录。《中国动植物物候观测年报》第 2 号（1964—1965 年及附编）和第 3 号（1966—1972 年）已于 1977 年出版。⑥《中国物候观测方法》已于 1979 年出版。⑦根据这些年代不长、记录不多的物候资料，已经可以看出我国物候季节变化的规律性，以及物候记录对于农业生产所起的作用。

自然界的物候记录，在我国以北京和南京两地年代较长，从本书前面的表6〔一〕来看，虽然北京各年的气候条件不同，物候现象出现的日期有先有后，但是，每年春季来到，北海最先解冻，然后草木先后出叶、开花。以所观测的植物来说，每年山桃开花较早，杏树开花在山桃之后，紫丁香开花又在杏树之后，洋槐开花较迟，它们的开花期，是有一定的顺序的，但没有像二十四番那样整齐，因为二十四番花信风不是严格依据劳动人民从实践经验记录下来，而是经过一些文人按五天一候均匀地安排出来的。动物的季节现象，也有一定顺序，例如每年春季候鸟的北来，燕子总是在布谷鸟之前。而且燕子到来日期每年变动很少。北京楼燕成群到来总在阳历4月21日前后，即谷雨节左右，如表6〔一〕所示。家燕到上海地区总在春分节，所差不过一二天而已。[⑧]参看图2，北京近24年（1950—1973年）来的物候变化早迟顺序，就可以一目了然。南京的物候现象变化也有一定顺序。

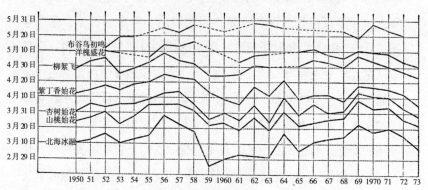

图2 北京春季物候现象变化（1950—1973年）曲线图

这种物候变化的规律，不仅北京和南京是这样，其他地区也是如此。

从北京 24 年（1950—1973 年）的物候现象变化曲线来看，不但能看出各种物候现象的变化每年有一定的先后顺序，而且各年各种季节现象出现早迟的变化，是有周期性的。如 1956 年、1957 年和 1969 年物候现象都推迟，这几年适为太阳黑子活动最多年，约为 11 年上下一个周期。20 世纪以来，物候现象的周期性波动与太阳黑子变动多少有关，即太阳黑子最多年为物候特迟年，苏联、日本的物候记录也是如此。唯本书前面提到的英国马加莱总结分析马绍姆家族 19 世纪记录诺尔福克地方的物候所得出的结论是：从 1848—1909 年时期，太阳黑子数多年为物候特早年，适相矛盾。这表明太阳黑子与地面上某一处的气候和物候虽有关系，但影响是复杂而不是单纯简单的，其机制迄今尚未研究明白。

一年四季，寒来暑往，初看好似简单的循环，其实自然界是不停地发展，而不是简单地重复，已如上章所述。这种每年以相同的方式有规律地交替，不但是周期性的，而且是循环性的。实际上这里不仅仅是循环和重复，因为虽然有叶子的树木，多少年来总是有规律地每年秋季落叶，但是这些树是在生长和发育，在每个秋季并不变成和前一年一样。换句话说，在循环中包含有进步发育的因素，不能颠倒和不能重复的因素。自然季节现象每年是有顺序的出现，而又不是单纯地重复的原因，主要由于各年气候条件有不同的变化，而植物的生长发育主要是随着内在机制的变化而变化的。所以我们年复一年地观察季节现象的变化，是有必要的。

上面曾谈过有了若干年的物候观测记录，就可以制定一个地方的自然历。表 10 是根据作者之一在北京和南京两地多年的春季的物候观测记录，得出的平均日期。将来观测年代稍久以后，动植物的物候日期虽会略有变动，但各种物候先后的次序是大致确定的。

表 10　北京和南京春季物候现象的比较

北　京						
物候现象	平均日期	(观测年数)	最早日期	年	最迟日期	年
北海冰融	3/12	(24)	2/24	1959	3/29	1956
山桃始花	3/29	(24)	3/18	1963	4/8	1969
杏树始花	4/4	(24)	3/25	1963	4/13	1957
紫丁香始花	4/15	(24)	4/4	1973	4/25	1956
燕始见	4/21	(20)	4/12	1955	4/25	1965
柳絮飞	5/1	(23)	4/24	1959 1960	5/9	1956
洋槐盛花	5/8	(18)	5/3	1961 1973	5/14	1956
布谷鸟初鸣	5/23	(15)	5/12	1952	5/28	1962 1970
南　京						
物候现象	平均日期	(观测年数)	最早日期	年	最迟日期	年
杨柳绿	3/17	(4)	3/14	1922	3/22	1924
桃李盛开	3/31	(6)	3/28	1928	4/7	1924
燕始见	4/3	(5)	3/29	1922	4/10	1929
碧桃盛开	4/5	(5)	3/27	1930	4/12	1925
紫藤开花	4/15	(5)	4/11	1931	4/17	1922 1924
梧桐出叶	4/18	(4)	4/15	1931	4/24	1922
柳絮飞	4/22	(5)	4/18	1929	4/24	1924 1925
洋槐盛开	4/29	(8)	4/22	1930	5/4	1925
樱桃上市	5/2	(8)	4/28	1929	5/10	1925
布谷鸟初鸣	5/5	(6)	4/30	1931	5/13	1925

从表 10 中北京和南京两地相同植物的开花期、相同候鸟的始见和初鸣的平均日期，两相比较，就可以看出它们之间的变化，有如下的规律性：

1. 北京的柳絮飞（5 月 1 日）比洋槐花盛开（5 月 8 日）早7 天，而南京的柳絮飞（4 月 22 日）比洋槐花盛开（4 月 29 日）也早 7 天，两个地方相差的天数完全一致。北京的柳絮飞比南京迟 9 天，北京的洋槐花盛开也比南京迟 9 天，相差日数也相同。从这里可以看出，北京和南京这两个物候现象的出现是有规律的。

2. 南京的燕子始见（4 月 3 日）后，过 32 天布谷鸟始鸣；北京的燕子始见（4 月 21 日）后，也过 32 天布谷鸟始鸣。燕子和布谷鸟到北京比到南京迟 18 天。由此可知，这两种候鸟，春季到南京和到北京是有一定规律的。

表 10 中列举的内容，也就是北京和南京的春季自然历，这好比有了一根尺，就可以衡量各年春季来临的早迟，这对于指导北京和南京附近地区农业生产有相当的作用。不仅如此，而且有了这两个地方的春季自然历，邻近地区只要有年代不长的物候记录，也就可以推算制定当地的自然历。

农业气象学要对农业有所贡献，必须研究农作物的物候，就是要看作物外部形态的变化，同时看气象条件，分析哪些气象条件对它是有利的，哪些气象条件对它是不利的，这样才可以决定适宜的播种期以及其他农业技术措施。农作物的物候观测，就是看农作物在气象条件影响下外部形态上的变化；对禾本科作物如小麦和水稻，就是看出苗、分蘖、拔节、抽穗、开花等发育期出现的早迟及状态的变化。所以农作物的物候是农业气象工作的一个重要方面，同时也是物候学研究工作的一个方面。

　　要决定农作物的播种期，不但要看当时气象条件能不能播种，还要看作物生长期间会有哪些不利气象条件出现，在哪个发育期可能影响产量。这就要根据整个生长期的物候资料，来调节播种期，使作物的发育期提早或推迟，以避免不利气象条件的影响，达到高产。十多年来，各种作物的适宜播种期问题，经农业气象方面的试验研究，明确了很多关键时期。"文化大革命"以来，虽间作套种有所改变，但几种主要作物与气候条件的关系，无大变更。下面举出几个例子：

　　冬小麦是我国北方的主要粮食作物。关于小麦的播种时间，河北省农谚是在秋分节，可是经过试验研究和对物候资料的分析，北京地区冬小麦的适宜播种时间，约在 9 月下旬。但是一直到 10 月下旬都可以播种，只是播种越迟，产量越低。因此，在这时期里，又可分为最适宜的、次适宜的和最后的播种期。三个不同播种期有三种不同温度指标。⑨每年可看天气条件按物候或温度指标决定播种日期，而不宜固定在秋分节播种。南方冬小麦的播种期比北方迟，根据南京地区试验的结果，半冬性品种冬前生长有 3—4 个分蘖（不包括主茎），产量最高，播种期一般在霜降前。春性品种以有 1—2 个分蘖进入越冬的产量较高，适宜播种期在立冬左右。⑩具体的播种日期，就要看当年的物候指标或当年的气象条件而定。

　　水稻为我国南方的主要粮食作物。南方可种植双季稻、早稻和晚稻，因种植季节和地区不同，所要求的气象条件是不相同的。华中地区考虑早稻播种期的早迟，第一要避免烂秧；第二要避免孕穗抽穗时期受低温的影响，减少空壳率。如湖南长沙地区就要使早稻在 6 月 20 日左右抽穗扬花，才可以躲过 5 月下旬低温的危害，并避免 6 月中旬前的雨季和 6 月底较大的南风的影响。

所以不早不迟的播种期要抢在"冷尾暖头"播种，约在春分前后。[11]地区不同，早稻播种期所要注意的问题也就不同，如沿海的福建省福州地区，早稻开花期一般是在 6 月上、中旬之间，但这时阴雨却常使早稻开花受到影响。如果把插秧期提早到 4 月上旬，那么，开花期也就提早在 6 月上旬，这就可以避免阴雨对开花的影响。[12]至于种植双季晚稻应该注意的问题，与双季早稻又有不同。如江西省上饶地区，晚稻开花期间要求的温度比较早稻低，假如播种早了，在开花期间遇着高温，空壳率就要大量增多；如果播种迟了，致生长期缩短，营养物质积累少，而且在开花期间又很可能遇着低温的危害，影响受粉。最合理想的生长期，要使晚稻有 50 天的秧龄，插秧以后，在 9 月里抽穗开花，这就可以躲过高温和低温对开花的影响。为了满足上述要求，江西省上饶地区的晚稻播种期，以在 5 月中旬到 6 月上旬为适宜。[13]

北方水稻增产关键，与南方水稻又有不同。北方也有烂秧现象，但其发生原因，与南方是有区别的。南方烂秧主要是由于阴雨低温，而北方则由于早春温度急剧变化，霜冻为害。如提早播种，可有各种措施，在过去有的设置塑料薄膜、风障等防寒设备。近年有的采取旱直播，改变过去的插秧办法。也有用"增温剂"，防止烂秧。抽穗和开花期间的低温，北方也是要避免的，如北京地区就要使水稻在 8 月 25 日前抽穗齐全，才可以躲过低温的影响，保持稳定的产量。[14]水稻品种不同，由育秧、插秧到齐穗经历的日数也不同，这就要有物候资料，了解各个品种在各个地区生育期的长短，发育的快慢，才可以决定播种日期。

关于棉花的播种期，如根据农谚，看枣树发芽而种棉花。[15]在现时华北地区还是适宜的，是合乎物候规律的。以节气作为棉花播种期的依据，南方与北方似乎相差的日期不多，这是因为每月只有两个节气，不是用靠近前一个节气为准，就是用靠近后一个节气为准，因此，相差的日期就不明显。如果仔细探讨各个地区棉花的播种适宜日期，还是不相同的。华北棉花如播种过早，出苗反而比适时播种的迟，早出的苗也容易遭受霜冻。根据气候条件的分析，北方棉区当耕地5厘米深度，一候（多天）平均地温为12度时，是棉花播种的适宜时期。北京地区要使棉苗在春季霜冻终了后出土，就以4月10—20日播种为适宜。[16]山西省太原地区的棉花适宜播种时期比北京略迟一些，以气候平均状况来说，一般以4月15—25日之间为宜。[17]陕西省关中地区春季气候的转暖，比北京要早，因此，棉花的适宜播种时期也要比北京早一些，就一般情况而论，至迟要在4月10日以前播种。[18]至于各年的具体播种日期，还要看物候的早迟而定。棉花播种期的指标植物，紫荆始花期也是棉花播种的适宜时期。

从以上的例子来看，我国南北各地小麦、水稻、棉花的适宜播种时期，近年应用物候资料的分析，已得出科学上的合理根据，较过去进步了。但物候资料的作用，不仅只这些，根据物候资料的应用，还可以打破常规，在某一特定时期播种，使产量提高。例如华北农谚："麦子不分股，不如土里捂。"这个农谚的含义是秋季种麦迟了，在当年越冬以前不能分蘖，还不如更迟一些日子播种，使种子在土里当年不出苗，到第二年春天出苗。这确实是农民的经验，是值得重视的。但是，究竟在什么时候播种的麦子，冬前不分蘖？什么时候播种的麦子，冬前不出苗呢？农谚没有指明。根据试验（1953—1956年），在北京的气候条件下，10月15日以后播种的小麦大都不能分蘖；11月初，即当土壤快要冻结的时候播种的，也就是在冬小麦的发育起点温度 3℃ 以下时候播种的，冬前大都不出苗。冬前不出苗在第二年出苗，它的有效分蘖数、一穗小穗数、穗长和千粒重都比冬前只出苗而不分蘖的优越些。[19]

青海、新疆以往种春麦地区，几年前曾应用如上述类似试验获得的经验，把有些地方原来是春播的麦子，提早在头一年近冬播种，既调剂了劳动力，也获得了较高的产量。这样做为什么能够增产，作者之一也曾经探索过。依据 1959 年冬到 1960 年春在北京进行的小麦冻土播种与春播的比较试验，经过观察分析，冬播的小麦种子在土里经过低温锻炼，生活力增强；到了第二年初春，天气转暖，就会很快地出苗，根部又正好能充分吸取刚解冻的土壤水分，因此茎秆粗壮，穗大粒多。而春播的小麦，播种以后，要经过若干天才能出苗，这时天气已暖，在很短的时间内即通过春化阶段，小麦植株干物质的积累便不如冬播的多。因此，冬播的产量比较春播的可提高 20%。[20] 青海、新疆把小麦春播改为冬播所以能够增产，理由相同。这都是由物候观测得出的科学根据。

上面所谈的是农作物播种期的物候问题。至于农作物生长发育的快慢，也有其一定的规律。前面已经谈到，北方小麦生长期长，南方小麦生长期短，产量有高低的不同。这是因为北方秋季温度迅速下降，冬季较冷，小麦须经过冬眠，到第二年春暖才恢复生长；而南方小麦无明显的越冬期，虽在冬季，地下部分仍在徐徐生长，到了春季，温度又迅速上升，地上部分也就迅速生长；因此，南方小麦发育快，北方小麦发育慢。而小麦的生物学特性，在低温条件下分蘖多，在高温条件下分蘖少，故在一般情况下，北方小麦的分蘖多于南方。又生长期长的干物质积累多，生长期短的干物质积累少，所以北方小麦的产量，一般来说高于南方。

以上所说的都是单独一种作物的物候问题，自60年代以来，我国的农业生产打破常规，兴起间作与套种的耕种方法，增加复种指数，对增加单位面积产量，起了显著的增产效果。同时对于劳动力的闲忙，也起了调节作用。在实行间作套种的基础上，贫下中农又充分发挥智慧，很多地区，由一年一熟，改为一年两熟，甚至三熟。例如一年三熟制近年在上海郊区迅速发展。上海市广大贫下中农遵照毛主席"必须把粮食抓紧"的教导，认真执行农业"八字宪法"，积极挖掘生产潜力，在精耕细作，提高耕作技术的同时，改单季稻为双季稻，改两熟为三熟，"文化大革命"以来，三熟制得到更好的发展。一年三熟几种作物所需的生长天数多，茬口重叠，这就要抓住几个中心环节：（1）充分利用气候条件，（2）选用早熟高产良种，（3）合理调节作物的生长期，这就是要运用物候的知识。他们的耕种方法在一年中是采用二水一旱（两季水稻，一季旱作物），或二旱一水（两季旱作物，一季水稻）的形式，因地制宜地合理安排茬口。[21]近年北京地区亦正在积极推广一年三熟耕作制。

在小块土地上调节种植方式，获得多产、高产，大寨是显著的例子。山西省大寨大队充分利用地力，合理安排种植，把玉米、豆子间作，比把两种分开种，获得产量要高。又采取高塄种瓜，低塄植麻，前期撒菜的办法解决了种玉米和种瓜、种菜、种麻之间的矛盾，把原来种瓜、菜、麻的10%左右的土地，也全部种了高产作物。这些办法具体来说，就是在塄高5尺以上的地块种玉米时，靠边第二行间作窝瓜，使瓜蔓吊在塄上；在塄高5尺以下的地边种上小麻，既产油料又收麻皮；在玉米播种时，撒一些白菜籽，利用玉米前期苗子小的空间，收一茬蔬菜。此外，在谷子地里带种高粱和小豆，群众叫做上下"三层楼"——远看是高粱，近看是谷田，蹲下看是小豆。这样做既提高了粮食产量，又满足了社员生活的需要。社员口中传说有几句话："科学种田就是好，五谷杂粮丰收了。高垆吊窝瓜，低垆种小麻……夏天有白菜，秋天摘窝瓜。"②乍看这是种植的问题，实际上这里面包含有物候的问题。大寨地块零碎，很多地埂地堎应加以利用，如何充分利用地力，因地制宜，因时制宜，合理安排种植，这是科学种田需要解决的一个重要课题。他们采取瓜、菜、豆、麻不专种，地边、地垆、地角、水渠埂不空闲，多种了高产作物又多收了小麻、小杂粮和蔬菜，这就是利用气候条件，适当安排间作，在种植中巧妙地解决了物候问题获得的成果。

又例如广东省潮安县（今潮州市潮安区）陈桥大队，人多地少，他们发挥人的主观能动性，开展间作套种科学实验，提高土地利用率。1971 年间作套种形式 20 多项，作物 20 多种，复种指数达361%。并在小面积土地上创造一年八熟的经验。现介绍于下：

八熟是 8 种作物的间套种，主作物是芋，在第一年小雪后种，到第二年白露收获（生长期 290 天左右）。由于冬季气温逐渐下降，芋早期生长慢，所以在芋畦的一边间种黄瓜（小雪后种，立夏收获，生长期 166 天左右），另一边间种青蒜（小雪后种，清明收获，生长期 135 天左右），并利用芋株间的空隙地，撒播油菜（小寒种，雨水收获，生长期 45 天左右）。立夏之后，气温很快上升，芋生长迅速，因此，停止间种其他作物。大暑之后，气温又降低，芋生长缓慢，在芋畦的一边种菜豆（大暑种，秋分收获，生长期 82 天左右），另一边种地瓜（大暑种，第二年雨水收获，生长期 230 天左右），大暑后在沟底插晚季稻（大暑后插秧，立冬收割，生长期 127 天左右）。芋、菜豆收获之后，只剩下地瓜和晚稻。寒露时在地瓜的一边间种芥菜（寒露种，第二年大寒收，生长期 100 天左右），地瓜到第三年的雨水收获（生长期 230 天左右）。因此，从第一种作物种下，到第八种作物收获，实际经过一年又三个月的时间。[23]这也是运用物候知识，熟习各种作物的生长期和习性，合理安排茬口，获得 8 种作物的高产。

再看湖南省黔阳地区的农业生产，由于利用气候资源，调节播种期，克服灾害性天气，改变耕作制度，改一年一熟为两熟，多至三熟。据湖南省黔阳地区农业气象试验站的经验总结说，[24]在夏秋期间锋面位置多偏北，该区受副热带高压的控制，盛行偏南风。由于长期受副热带高压控制，下沉气流较盛，多晴朗天气，温度高，湿度小，南风大，再加上该区地形南高北低，南北形成一条狭道，由于地形的狭管效应和偏南气流越山下沉绝热增温所产生的焚风效应，显得格外大风干热。该区正值中稻抽穗扬花时期，遇上这种天气，中稻就不能很好受粉，形成空壳秕粒，以至大大减产。群众称这种天气为"大南风"。又 9 月中下旬至 10 月上旬，正是双季晚稻和三季稻抽穗开花期，冷空气开始活跃，温度日趋降低，常常出现日平均温度等于或低于 20℃，最低温度等于或低于 15℃的低温天气，或连续阴雨 5 天以上的天气。这样的天气对晚稻和三季稻抽穗扬花影响很大，造成大量空壳秕粒，通常称这样天气为"寒露风"。就在上述不利于生产的天气条件下，有两个县的公社大队，创造高产记录，有突出的成绩，具体事实如下：

黔阳地区会同县城郊公社步云大队党支部书记张美焕，与广大贫下中农一道用毛主席的《实践论》光辉哲学著作为指引，在不断的实践过程中，在海拔 280 米的山区，创造出一年三熟制。[25]

从 1967 年起已连续 5 年试种稻—稻—麦三熟制成功，其中三年平均亩产 2000 斤以上，在此基础上，1971 年又试种三季稻成功，亩产 2091 斤。又黔阳县杨柳大队地处海拔 1400 多米的雪峰山腰，在这个"清明谷雨飞雪霜，山下谷黄我插秧"的高寒山区，广大贫下中农在 1970 年试种 13 亩双季稻，亩产 1005 斤。在此基础上，1971 年扩种到 301 亩，亩产 980 斤。这些利用气候资源，不断创新的事例，到处都有。他们之所以能够增加复种指数，获得高产，主要的是以奋发的精神，科学的态度，积极战胜灾害性天气。春季寒潮影响烂秧，9 月中下旬至 10 月上旬，晚秋的寒露风影响水稻空壳，这是季节早迟与生产之间的矛盾，也就是物候的问题。他们采用了改大苗为小苗，改育秧为直播比较先进的方法，发展双季稻。7 月中旬至 8 月中旬的夏秋干旱，影响中稻不能很好地受粉，形成空壳粃粒，看起来是耕作制度与气候季节变化的矛盾，实际上，也是物候的问题。他们改中稻为双季稻，改迟稻为早熟，这样既解决了夏秋干旱的威胁，又克服了"大南风"的危害，这是运用物候知识通过实践成功的很好例子。

湖南省黔阳地区农业气象站还利用自然界的物候现象，作出各种预报[26]：（1）以柳树展叶普遍期预报冬季初雪期；（2）以油桐开始落叶期与枇杷开始开花期预报初霜期；（3）以三月泡（树莓）开花的朝上或朝下，预报未来暴雨的次数。三月泡开花时，有的朝上，有的朝下，这种朝上、朝下的多少，与未来暴雨次数有一定的关系。用三月泡朝上开的多少与暴雨次数画成曲线图，从图上看出，朝上花越多，4—6 月暴雨的次数越少。反之，朝下花多，则 4—6 月暴雨的次数多；（4）以桃竹出笋位置预报冬季气候趋势。群众对桃竹出笋的位置，认为有两种形态，当笋子出在母竹中间的形象，称为"娘抱崽"；当笋子大多数长在母竹外围的形象，就称为"崽抱娘"。桃竹出笋"娘抱崽，冬冷；崽抱娘，冬暖"。这是群众的普遍经验。根据该站的观测统计，凡属"娘抱崽"的年份，冬季雨凇日数，连续最长雨凇日数，极低温度等于或小于0℃日数，均显著偏多。反之，"崽抱娘"年份，冰冻就比较轻。

近几年来，已有一些单位应用物候观测资料，作未来天气和虫害发生期的预报，得到良好效果，看来以物候作各种预报，还有其一定的重要意义，已逐渐被各方面重视了。

目前应行开展的物候工作

我国的物候工作，解放以来，农作物的物候观测进行得较早，而自然界的物候观测从 1962 年才开始有系统地进行。自然界的物候与栽培的作物有密切的关联性，对于指导农业生产很是重要，今后应该开展这方面的工作。

我国古代历史悠久而又最有系统的七十二候的物候记载，是把自然界的植物、动物、气象水文现象的季节变化都包括在内，对于自然界季节变化的记载比较全面，这是我国古代物候记载的优良特色，是值得发扬光大的。所以，今后我国的物候记载，也需要包含这几个方面。

物候观测种类的选择

在一个地方进行物候观测，并非漫无目标地什么都要观测，也不是有什么就观测什么，而是要在自然界形形色色的季节现象中选择那些最明显地反映当地季节现象的，以及与农业生产关系密切的物候去观测。物候观测项目的选定，主要根据下列三项基本原则：

1. 我国温带和亚热带地区，凡属有春夏秋冬四季循环的地方，可选择常见的、分布范围比较广的植物和动物，各地区同时进行观测，以资比较。盆栽的植物与生长在自然环境的植物不同，一律不得作为物候观测对象。热带地区因无冬季，植物在干季休眠或根本不休眠，而且植物种类也与温带、亚热带的大不相同，候鸟来往时期常与温带季节相反，所以，热带地区的物候观测种类不能与温带、亚热带相同。但如"物候的南北差异"一节所引苏轼海南岛《寒食》诗所云："记取城南上巳日，木棉花落刺桐开。"则在热带植物的物候仍是有节奏的。据广州中南地理研究所物候记录，广州桃始花在阳历 1 月下旬，但要到 2 月下旬才盛开。4 月上旬木棉开花，而刺桐开花则在 12 月下旬。所以热带地区物候比较复杂，有深入研究之需要。[20]

2. 选择指标植物的种类数目不宜太多，但要使得从初春到秋末，每隔数天都有明显的物候现象出现。指标植物的形态和变化，必须容易识别，同名异种的东西，尤须分辨清楚。

3. 古代已有物候记载的物类，如桃、杏等要选为观测对象；世界多数国家进行观测的植物，如紫丁香、洋槐等，也应选入，以便古今中外可以相互比较。

根据以上所说的原则，曾经选定了我国温带、亚热带地区的指标植物、指标动物和气象水文现象的物候观测种类，这就是全国物候观测网共同观测的种类，名单见本书附录一。物候观测种类名单中所列入的指标植物，各地可以选择当地已有的，而开花结实在三年以上的中龄树去观测。但须查明该项植物的科学名称，最好请熟悉植物学的鉴定学名，以免认错类似的植物为指标植物。一个站不必观测本书附录所列的全部观测种类和项目，可视需要和可能，选择轻而易举的先行观测，待积累经验以后，再陆续增加。地方性的木本和草本植物，也应选择若干种与选定的共同观测种类同时观测记录。

物候观测地点、植株和人员的确定

在选定观测种类之后，就要选定观测的地点、观测的植株，并确定担任物候观测的人员。简单地说，就是定点、定株、定人。这是建立物候观测的基本措施。

上文已经谈到了物候是有地区性的，地形地势不同，物候现象就不相同。为了观测到那个地方有代表性的自然情况，就要选择适宜的地点，但也要顾到观测的方便。可以在植物园、公园或有成年树木和草本植物的地方，选定固定观测点；也可以选择一块园地栽植木本和草本植物，作为固定观测点。观测点确定之后，非不得已不再变更。树木因生长地点和树龄不同，物候现象的出现就有早有迟，因此，必须选择固定树木去观测。

鸟类和昆虫的移动性较大，只要在观测点附近看见了、听到了，都可以作为物候资料记载。

物候观测包括一年四季的全部过程，植物的外部形态变化，引人注目的是发芽、展叶、开花、结实、秋季叶变色和落叶，尤以开花最为鲜明。观测开花，既要观测早春开花的树种，也要观测仲春、暮春开花的树种；不但要观测春季开花的木本和草本植物，还要观测夏季和秋季开花的植物。树叶变色，为夏季过渡到秋季最明显的自然现象，既要观测初秋最早变色的树种，还要观测迟变色的树种。观测秋季落叶也是如此，既要观测早期落叶的树种，也要观测最晚落叶的树种。[28]每次观测，都要以选定作为观测对象的固定植株作为正式记录。在其他地方见到的，可作为参考，予以附记。

物候观测必须以亲眼看见的现象或亲耳听到的虫鸟鸣声为准。担任观测的人员，须经过相当时期的历练，才能观测准确。时间越久，经验越多，准确性越高。物候观测主要依靠观测员的经常关心，必须持之以恒。最初进行观测，难免发生误差，须经过一个时期的练习，才可趋于正确，所以，观测人员应该固定，不可时常变更。

观测和记录

物候观测是一年四季连续不断，常年进行的。观测树木或草本植物主要是看发芽、展叶、开花、秋季叶变色、果实或种子成熟、叶全落等的出现日期。观测候鸟和昆虫的活动是始见、绝见、始鸣、终鸣等的日期。各种观测项目见附录二。至于植物和动物的具体观测特征，须另行参考专门编写的中国物候观测方法。按物候观测的一般规定，对乔木或灌木必须在它向南的方向进行观测。因为向阳的枝条常发育在先，以免漏记出现的现象。对观测工作的质量要求，主要是掌握物候现象出现的准确日期，从春初到秋末，如植物的发芽、开花出现快的时期，宜于每天观测一次，或者隔一天观测一次。假如隔三天或五天观测一次，那么，某些物候现象的准确时日，就难以全部记录了。至于每次观测的时间，以在下午为宜，这是因为一天之内，下午1—2时左右气温最高，植物的物候现象是常在高温之后出现的。但是有些植物，往往在上午开花；有些鸟类，往往在早晨或夜间鸣叫。又秋霜出现在早晨，冬季常早晚结冰，中午融化。为了不致漏记，观测时间就需要按观测对象和季节不同，分别灵活掌握。

物候观测的记录，应随看随记，不要事后凭记忆补记。植物每一发育时期的出现，各个植株和各个枝条都不是同日同时开始的，如见到植物出现某一发育时期的现象，即作为到了那个发育时期。但是，还要分别它是在始期、盛期，还是末期。在单株上只要看见有一朵或同时几朵花的花瓣开始完全开放，即为开花始期。等到单株上有一半以上的花蕾都展开花瓣，或一半以上的葇荑花序散出花粉，或葇荑花序松散下垂（如加拿大杨），为开花盛期。单株上只留有极少数的花，为开花末期。

如果选择同种树5—10株，只须把所有观测植株作总的估计。如选定某种树5株，看见有3株开花，就是到了开花始期。

植物、动物和气象水文的三种项目，如不能全部观测，就只须记载观测到的部分项目。把记载的物候现象按出现的先后顺序排列，就是该地的物候记录。例如表11。

表11　物候记录

北京颐和园　　　　　　　　　　　　　　　　　　1962 年

日　　期	物候现象
2/24	昆明湖全部解冻
2/26	昆明湖湖面又见薄冰
3/3	野草发青
3/12	蜜蜂初见
3/24	山桃始花

在欧洲各国进行物候观测的初期，缺少统一的物候观测大纲和统一的观测方法，以致虽说积累了很多的物候资料，却难以相互比较，也就难以广泛地应用，[29]这个经验教训是值得重视的。目前，我国开展物候学的观测研究，正在开展物候观测网工作，这是按照统一的观测种类和统一的观测方法，从事观测记录，需要各地同时进行，才可以相互比较，才有较大的科学上的价值。

资料的整理和应用

物候观测的原始记录，一般是记载某月、某日、某种物候现象的出现，但为整理计算方便，也可以把日期改写为在一年中的第几天，例如 2 月 1 日可写为第 32 天，平年 3 月 1 日为第 60 天，闰年 3 月 1 日即为第 61 天，余类推。

有了物候观测资料之后，就需要进行资料的整理。可以按植物和动物种类，分别将各种植物的发芽、展叶、开花等日期，以及各种动物的始见、始鸣等日期填入分类统计的表格中，这样就可以知道某一种植物或动物的季节变化过程。还可以依据各种物候现象出现的先后过程，依动植物的实际形象画成实物形象的物候图，看这样的物候图对自然界的季节变化更可以一目了然。图 3 是由王川同志以他自己 1965 年在北京颐和园的春季物候观测一部分记录编制的。[30]以这个图与北京城内 1965 年的物候现象相比较，城内的山桃、杏树和紫丁香的始花期都比西郊颐和园提早，这是由于城内的气温比郊外的气温高，所以始花期提早。但是北京城内的北海冰融和燕始见却比西郊颐和园推迟，这年颐和园的昆明湖开始解冻日期为 2 月 11 日，城内北海冰融为 3 月 5日，推迟二十多天，这是由于玉泉山的泉水流入昆明湖，春初泉水的水温比较暖，而昆明湖的湖面比北海大，郊外风力又较城内大，冰块一经融解，全湖就很快融化。北海融冰，受风力的影响较小，所以融化较迟。又这年颐和园燕始见为 4 月 22 日，城内燕始见为 4 月 25 日，在城内看见的日子比在颐和园看见的日子迟 3天，为城内燕始见 20 年观测记录中，最迟的一年。这是由于本年燕始见比常年推迟，而也由于燕子初来时，先到郊区，后到城内，所以城内燕始见比郊区迟。

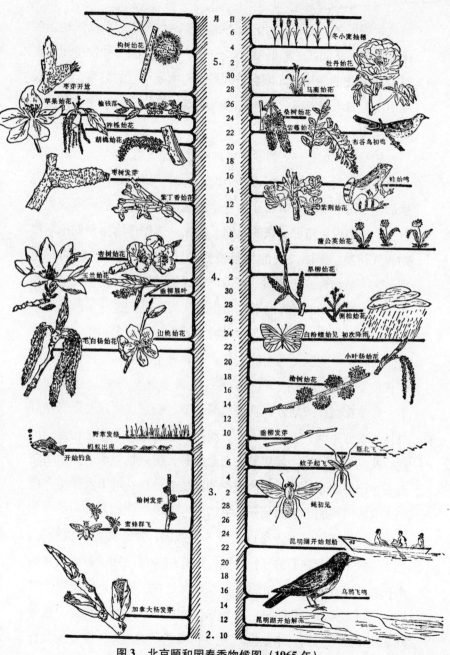

图3　北京颐和园春季物候图（1965年）

累积了多年物候观测记录，就可绘制如图 2 北京物候现象变化曲线图。从曲线的高低就可以一目了然，看出多种物候现象在 24 年中变化的趋势。太阳黑子的多少与物候早迟的关系，在曲线图中就明显表现出来。从物候的曲线变化趋势，对于物候预报有很大作用。

如前面表 6〔一〕列举的各种物候现象，有了多年记录以后，算出平均日期，就可以编订一个地方的自然历，如表 9 的北京自然历。这是季节现象前后连续发生的过程。参看自然历可预先知道各个季节现象将要到来的时间，例如，选作作物播种期指示植物的开花期，预防虫害的报警植物的开花期，各种果树的开花期，蜜源植物普遍开花期，谷类作物成熟期等，由此也就可能预先安排生产劳动的操作时期。根据自然历还可能进一步做出那个地区的物候预报，对于农业生产将发挥更大的指导作用。

一年里春夏秋冬四季的划分，有各种不同的划分法：如我国古代依据天文的春分、秋分、夏至、冬至来划分的，是天文季节。如依据温度来划分，就是气候季节。但是单纯以温度来指导具体的农业生产，还是不够的，而与农业直接有关的是物候，因此，我们可以依据物候现象来划分四季，叫做物候季。如本书第五章中已将北京的四季作物候季的初步划分。这对于农业生产比用天文和气候的方法的划分，更切近实用。

应用物候资料，还可以绘成等候线图，如同前面的桃始花、小麦播种期和黄熟期的等候线图。由等候线可以知道春天同种树木在各地方开花时期的先后，以及发育过程的快慢，就能更合理地、适时地采取农业措施。对栽培作物新品种的区域划分，也可以从这个图上得到科学依据。[30]缺少物候记录的地方，由等候线也能推断那个地方的季节变化情况，作为农事安排的依据。作物适宜播种期和收获期的物候预报，虫害的预防，前面已经谈到需要应用自然历，但是，也要参考作物的播种期和黄熟期等候线图。总之，等候线图对于农业生产可以广泛地应用于各方面。

物候的另一用途是应用于引进各种作物的新品种，在我国如栽培日本的青森五号水稻，或美国杂种玉米，必先行试种于我国与日本北海道或与美国玉米带相似的气候区域或气候带，然后推广到邻近地区。我国经济植物极为丰富，而经济植物的分布，在我国的地方志中有详尽的记载。美国人就查我国的省志、县志，把气候相似地区的经济植物栽培到美国，如东北的大豆，四川的桐油，浙江黄岩的柑橘等。在这一工作中，自然历和等候线图有很大作用。

物候资料不仅适用于指导大范围的农业生产，指导小范围的一乡一村的生产，尤其可以作为依据。各乡村、各人民公社的地势、土壤和小气候条件，并非完全相同，物候观测就可以表现各个乡村或人民公社的地形、土壤、温度、湿度和光照方面对作物特殊的影响，从而我们就可以更合理地利用各处田亩，因地制宜，因时制宜，栽培最适宜的作物，并进行更合理的田间管理，进行间作套种，增加复种指数。

物候资料除应用于农业生产外，对于确定造林、移植、采集树木种子等最适宜的日期，以及研究绿化城市、乡村和营造防护林以哪些树种为适宜，也是有所帮助的。

此外，物候观测资料对于养蜂、放牧、捕鱼、打猎，以及对其他一切与生物学有关的各种经济建设，都有实际用途。

除上面所说的各个方面需要应用物候资料外，物候资料还可以用来判断地方气候的特性，因为物候现象是气候的一面镜子。这也是物候学成为一门科学被人们重视的一个重要原因。

一个地方物候观测记录年代短的，是不是可以应用呢？是可以利用的，这可以借助于邻近地区有长年代的物候记录，计算出这个地方的多年的物候平均日期，这对于物候资料的应用，很关重要。为了达到这一目的，必须在本地区或者邻近地区寻找做过多年物候观测，自然条件和本地相似的物候记录，这样就可作比较计算。假如某地只做过 4 年的物候观测，要求算出山桃始花的多年平均日期，则可列表 12 进行计算。

表12　山桃始花日期的计算订正

某地山桃的始花期（月/日）	1969 3/25	1970 3/22	1971 3/18	1972 3/26	平均间隔天数	多年平均日期	求出的多年平均日期 28－1＝27
相邻地点经过多年观测的山桃始花期（月/日）	3/23	3/24	3/19	3/28	—	3/28	3/27
间隔天数	＋2	－2	－1	－2	－1		

注：平均间隔天数的计算方法，是以各年间隔天数相加，除以年数而得。如上表把各年间隔天数相加为 －3÷4＝－0.75，小数四舍五入，即为 －1 天

表 12 把相邻地点经过多年观测的日期作为对比的基础，减号（－）表示提前，加号（＋）表示推迟。从表中看出，某地山桃始花期间与邻近多年观测地点相比，是提前一天。因此，计算山桃的多年平均始花期的日期，将是 3 月 27 日（多年观测地点的多年平均日期 3 月 28 日减一天平均间隔天数为 3 月 27 日），这样就能求出在某地的初步多年平均日期。准确的平均数，还得经过多年观测以后，才能由实际观测资料算出。

物候学与防止环境污染及三废利用

近年来，世界上越来越多的地区，人类环境受到污染和破坏，有的甚至形成了严重的社会问题。空气受到毒化、垃圾成灾，河流、海洋遭到污染，影响动物和植物的生长繁殖，阻碍经济的发展，严重威胁和损害广大人民的身体健康。造成这种情况的主要社会根源是帝国主义、新老殖民主义，特别是超级大国推行的掠夺政策、侵略政策和战争政策。

美国的环境污染最为严重。据报道，美国工厂的烟囱每年喷出 1.49 亿吨有毒物质；9000 万辆汽车每年要排放 30 万吨一氧化碳，汽车废气中含有镇震剂的四烷基铅，使大气中铅的成分比原始空气增加了一万倍。[②]空气污染给美国的农业也带来极大危害。空气中的毒质使得美国许多地方树木枯死、水果变质、蔬菜减产、牧场被毁、牲畜死亡，由此而造成的损失，单是加利福尼亚一州每年就达 1.25 亿美元。在以盛产兰花著名的新泽西州，近几年来不但兰花的产量大大下降，就连菠菜也难以生长，使广大菜农无法靠种菜维持生活。[③]

苏联的里海是产黑鱼子的基地，但因为苏姆加伊尔等海底石油生产，使生产黑鱼子的鳇鱼大为减少，如不加保护，有可能绝灭。苏联贝加尔湖虽然水量很大，但因上游造纸厂、肥料厂的污水侵入，也影响了鱼类的生产。

英国伦敦向以烟雾著名于世。1952 年一次浓雾，工厂中所出煤灰与二氧化硫造成四五千人的死亡，当时空中飞扬煤灰最高达每立方米空气 4500 微克，日平均浓度 752 微克。由于资本主义的畸形发展，西欧诸国环境污染日趋恶化。据西德（《图片报》）报道，莱茵河已成了"欧洲最大的垃圾桶"，[34]两岸城市排出含毒素的污水使莱茵河下游的鱼中毒致死，大量漂流入海。1949 年从莱茵河中尚能捕到 3.4 万公斤鱼，到 1966 年则已无鱼可网。每年由莱茵河带经荷兰入海的毒物达 2400 万吨之多。核电厂排出的水，使莱茵河下游水温增加摄氏好几度。

日本的环境污染也已引起舆论的极大注意。1971 年广岛湾发生"红潮"，使对虾、鲻鱼大量死亡。环境污染更使各种怪病丛生。制造乙醛所用的有机水银，使熊本县 6 个市町 1/4 的人患了"水俣病"，[35]这病可由母亲传给胎儿，使婴儿精神失常。1910 年日本就发现了一种"痛痛病"，直到 1967 年才知道是由于镉中毒所引起的，自 1968 年到 1971 年已有 496 个患病者向日本有关企业提出诉讼。目前，由于大气和水被污染，日本的樱树有减少的趋势。[36]

环境污染引起世界各国人民的极大不安。1972 年 6 月，联合国在瑞典首都召集了 112 国代表参加的人类环境会议，建议成立110 个环境监视网，并在联合国成立一个环境计划委员会。

新中国成立 20 多年来（本书 1973 年修订，1979 年 1 月再次修订——出版者注），我国人民遵循党的独立自主、自力更生的方针，大力进行社会主义的经济建设，把我国由一个贫穷、落后的旧中国，建成为一个初步繁荣昌盛的社会主义国家。我国政府按照全面规划、合理布局、综合利用、化害为利、依靠群众、大家动手、保护环境、造福人民的方针，正在有计划地开始进行预防和消除工业废气、废液、废渣污染环境的工作。多年来，我们开展群众性的爱国卫生运动和植树造林、绿化祖国的活动，加强土壤改良防止水土流失，积极搞好老城市的改造，有计划地进行新工矿区的建设等，来维护和改善人类环境。事实说明，只要人民当了国家的主人，只要政府真正是为人民服务的，只要政府是关心人民利益的，发展工业就能造福于人民，工业发展中带来的问题，是可以解决的。

我们知道，环境污染并非一朝一夕所形成的，而是积年累月拖延不加治理造成的。在我国优越的社会主义制度下，如何对污染问题能"见微知著"防患于未然呢？在这方面，物候学的观测方法不失为一个良好的助手。如把物候观测点、网建立起来，可以起到一定的监视环境污染的作用。所以，在环境污染发展的时代，物候的观测工作亦应当提到日程上来。

解放初期，北京城内乌鸦喜鹊，到处繁殖。每当春、冬季的清晨就可听到喜鹊狂鸣，有唐诗人孟浩然所谓"春眠不觉晓，处处闻啼鸟"之感。早晨上万乌鸦从城南飞向城北；到傍晚四五点钟又从北面飞回。但到近年来北京城内已经是鸦雀无声了。原因是城内各处大量施用杀虫药剂如666、DDT之类，鸦雀吃了泥土中的虫类，也就中毒而死。我们的党和政府一贯重视环境保护的重要性，把环境保护放到恰当的地位上来。广大群众与科技人员都在努力工作，使北京的自然环境恢复协调成为更加美好的劳动和生活的环境。

大气污染对植物影响的症状

环境污染中的大气污染，对植物的危害经鲁宾逊（Robinson，1970）分为三类：（1）急性危害，为高浓度污染物在较短时间（几小时或几天）接触所造成。(2) 慢性危害，为较低浓度的污染物接触较长的时间（几星期）所造成。(3) 污染物在数十年内产生的长期影响。急性和慢性危害多半是气体或颗粒对植物的直接影响。而长期影响可能是大气污染物引起的间接影响。

各种有害气体对植物污染的症状不同，现将常见的几种症状说明于下：

二氧化硫（SO_2） 是最早被广泛认识的大气污染物。燃料燃烧，工矿企业，特别是硫矿冶炼企业及火力发电厂，煤和石油产品，是二氧化硫的主要来源。

典型的二氧化硫急性和慢性伤害症状，各类植物表现得不一样。双子叶植物的急性危害症状是边缘和脉间坏死。伤斑首先呈现暗绿色，不久即漂白成象牙色，偶尔可变为红色或棕色。坏死的组织从叶片两面都能看到，最后死亡组织会破碎而自受害叶片上脱落。受害严重的全叶会脱落。慢性伤害表现为失掉绿色，常常是脉间黄化。单子叶植物及草类的急性危害症状是自叶尖开始至叶基的条状伤痕，慢性危害症状仅仅是叶尖漂白。针叶树首先是针叶成圈状受害，然后尖端变为红棕色。

松柏类树种属于对二氧化硫敏感的一类。植物组织对二氧化硫的敏感性决定于组织的年龄。双子叶植物中，较幼嫩而完全展开的叶片往往是最敏感的，而正在展开的叶子是最后受害的。禾谷类植物中幼苗比较成熟的植株更能抗二氧化硫。反之，松柏类的幼苗期要敏感得多。在成年松柏树中，较老的针叶在未成熟前即落，但中等年龄的针叶最易坏死。

环境因子能强烈影响植物对二氧化硫的敏感性。一般来说，光照强、土壤潮湿、相对湿度高和适中温度能使植物敏感性加强。夜间植物的抗性要比白天强。在引起缺水的情况下也能增强抗性。植物的敏感性因季节而有变化，春季和初夏是最敏感的时期。土壤营养状况也有关系，缺氮的植物要比正常植物敏感得多。增施肥料显然可以减轻敏感性。地形及土壤基质也有关系。生长在山坡上，高于烟囱 2—5 倍处的植物比生长在同距离的平地上的植物受害严重得多。生长在石炭岩和玄武岩上的植物比生长在沙质土壤上的植物受害轻。钙质土壤生长的植物能抗二氧化硫的影响。

氟化物 铝、铜、磷、稀土金属、化工及化肥厂、陶器、砖瓦及玻璃厂是氟化物的来源。氟化氢（HF）气体是引起氟危害的主要物质。

各类植物受氟化物危害的症状差别很大。阔叶双子叶植物中，如叶子积累氟化物较慢，则氟化物被转移到叶缘而产生边缘坏死。坏死组织与健康组织之间有一明显的红棕色带。如氟化物气体浓度极高，在叶子上的几个点可积累氟化物，形成散生的坏死及脱绿色组织。单子叶植物中，叶片尖端首先坏死，叶片边缘现出红棕色。禾谷类植物坏死组织成为白色。玉米出现脱缘斑，集中分布于叶片边缘及顶端。松柏类首先针尖受害，后向基部扩展，开始时失掉绿色，随后变为红棕色。

氟化物对植物生长和发育极为不利，在田地里，植物生长严重受损，有些在近氟化物污染源处消失。果树如桃、李常受氟化物危害。大豆经过氟化物熏气试验呈现成熟期延迟，而且种子皱缩，含淀粉减少。

环境变化对氟化物影响的植物还研究得不多。温室试验表明膨胀的细胞最多受害。经田间观察植物处于缺水情况下最易受害。较高的相对湿度能增加植物的敏感性。植物在黑暗中熏气受害比在白天熏气要轻些。

臭氧（O_3） 自 1944 年发现了臭氧的危害，直到 1958 年才鉴定臭氧为危害物，它是光化学烟雾中的主要毒害植物的成分。近年很多人认为臭氧是世界上最重要的大气污染物。

臭氧危害植物的典型症状为叶表面邻近小叶脉处产生点状或块状伤斑。其内部栅栏组织对臭氧最为敏感，它的细胞常常在叶肉下部受害前即失去机能而崩溃。因细胞崩溃所形成的伤斑开始从叶片表面现出漂白色，几天后色泽变为黄褐色或淡黄色。如产生新色素则色泽转深。如臭氧的浓度更高，则伤害能危及其他叶片组织，最后坏死面积扩大，使叶片两面都出现伤斑。刚成熟的叶子对臭氧往往是最敏感的。松柏类的伤斑首先出现于新针叶的尖端，但老针叶则出现于基部。

臭氧对植物的生长和发育有不利的影响。柑桔非正常落叶，果实变小，生长不良，已查明为臭氧所引起的。臭氧在低于可见症状出现的浓度下阻碍生长。

氮氧化物 主要的氮氧化物如 NO 及 NO_2，主要来源于燃烧反应的高温，例如煤的燃烧或汽车行驶。氮氧化物是光化学烟雾中最重要的化学物质之一。硝酸工厂是产生氮氧化物的次重要的来源。

受氮氧化物危害的植物，双子叶植物的典型急性危害症状，是不规则形坏死斑，分布于脉间或常常靠近叶缘。坏死组织呈白色、黄褐色或棕色，很像二氧化硫危害的伤斑。6 月禾、芥菜、藜等在接触氮氧化物后，叶表面产生一层暗色蜡状物。尚未看见氮氧化物对植物危害的慢性症状。

其他气体污染物 在 19 世纪，乙烯危害植物就已发现。现在乙烯的主要来源是内燃机。乙烯危害常要发展一个很长的时期，包括脉间失绿，叶子向上偏或坏死。伤害首先发生于较老组织。乙烯能影响生长素，使植物顶端生长受抑制而侧生长却受促进。

氯气 对植物的危害常发生在水的净化工厂，氯化物制造厂、冶炼厂或玻璃厂。氯气引起的症状变化不一，包括脉间失绿及边缘或脉间坏死。氯气还能抑制种子萌发，并使植物落叶。在塑料厂及焚烧大量含氯物质的垃圾堆附近发生氯化氢能危害植物。

由化肥厂散放的氨气能危害植物，一些杂草受害后叶缘产生坏死斑。[57][58]

监测大气污染的指标植物

很多年以前，人们就发现植物具有指示大气污染的作用。在不同的大气污染质影响下，各种植物会产生不同的症状，上节已作了说明。污染质浓度不同，植物受害的程度也不同，因此根据植物的受害症状和程度，可以监测和指示大气污染质的种类和大致浓度，用以监测大气污染的植物，叫做指标植物。

在植物各种器官中，叶的监测价值是比较大的，因为叶通过气孔和外界不断进行气体交换，直接和空气接触的表面积很大，所以对大气污染比较敏感。当植物受到高浓度有害气体的侵入，在短时间内（几分钟或几小时）叶中大量薄壁细胞受害，细胞壁和原生质膜解体，细胞的内含物落入细胞间隙，叶面出现浸润状的水渍斑，渐渐干燥以后，就成为各种颜色和形状的坏死斑，这是急性受害症状。在长期低浓度大气污染的情况下，植物常出现缺绿，叶子变小或成为畸形，提早落叶，生长衰退，结实减少等现象，这是慢性受害症状。在慢性受害条件下，往往也出现坏死斑，不过慢性受害时所产生的坏死斑可能不经过水渍斑阶段，这是因为这时受害细胞数量较少，而且是逐渐失水死亡的。

经观测试验，证实下列植物对二氧化硫、氟化氢、臭氧、及光化学烟雾等很敏感，可以选作监测污染的指标植物。[39][40][41][42]

一、对二氧化硫敏感的：紫花苜蓿、地衣、番茄、棉花、小麦、大麦、胡萝卜、芝麻、向日葵、蓼、土荆芥、莴苣、南瓜、葱、韭菜、菠菜、加拿大杨、枫杨、胡桃及落叶松等。

二、对氟化氢敏感的：唐菖蒲、郁金香、雪松、萱草、柿、君迁子、金荞麦、葡萄、玉竹、杏及李等。

三、对臭氧敏感的：菜豆、燕麦、番茄、南瓜、萝卜、花生、大豆、马铃薯、烟草、葡萄、紫丁香、菊花及松树等。

四、对光化学烟雾敏感的：烟草、早熟禾及矮牵牛等。

利用植物监测大气污染，具有使用方便，易于掌握等优点，但由于植物是活的有机体，其本身生长发育状况的不同以及环境条件（气象因子、土壤营养等）在某些不同程度上影响监测的结果，例如唐菖蒲受氟害的症状，与自然干旱、老黄或营养不良的症状很相类似，在监测时就要仔细加以辨别。

我国发展物候学的前途

我国古代重视农时，掌握农时的方法，是根据自然界的物候和二十四节气的。如前所述，战国时代的《吕氏春秋》、西汉的《氾胜之书》、东汉的《四民月令》和北魏的《齐民要术》诸书，讲到播种、耕耘、收获等田间操作的适宜时期，多数以自然界的物候为对照标准，只用少数以节气为依据。为什么我国的二十四节气起源最早，而古代农学家们总结农民经验以定农时的时候，却没有全部依据节气呢？这是因为节气的日期年年基本相同（指阳历），而同一节气的气候是逐年有所不同的。物候随天时的变动而发生变化，看物候便可以了解天时，所以，以物候现象为确定田间耕作时期的主要依据，这是更能正确反映客观事实的。我国社会主义建设以农业为基础，今后需要大力发展农业，提高作物产量，目前推行的间作套种，增加复种指数，要摸清各种作物的发育关键时期和生长期的长短，没有物候观测记录，就难以作为依据。究以什么为标准来掌握农时，这是相当重要也是迫切需要解决的一个主要问题。我国古代既已利用物候现象为掌握农时的对照指标，行之有效，现在又何尝不可以应用呢？不过古代的物候观测失之粗疏，因之所定出的农作日期，未必全适用于生产。古书上所记载的物候，要用来概括广大的黄河流域，已嫌挂一漏万，施用于全国就更不合适。今后唯有开展全国各地的物候观测，累积自然界的物候记录，编制各地区的自然历，根据自然历作出各种农时的物候预报，这样对于农业增产是有莫大裨益的。编制各地区的自然历应用于农、林、牧各个方面掌握时宜，这是一项重要工作，这在其他国家已行之有效。我国近年已有若干地区根据物候现象预报虫害，他们在物候观测实践中初步总结经验，得出物候与虫害发生的规律作出预报，即是例证。

农作物的区划，为推行作物合理配置的先决前提，如双季稻的推广界限问题，需要有周密的区划，才可以事半功倍，获得增产。农业生产固然要知道各地的气候条件，但是，往往两个地方气候条件没有差异，而栽培同一种作物就不一定完全适宜，这是因为农作物需要的生长环境，除气候条件外，还有土壤等条件，只知道气候条件还是不够的，必须知道物候，才可以做出鉴定。例如一个地区栽培某种作物是适宜的，要知道能不能推广到另外一个地区，那就要比较两个地方的物候是不是相同。如果这一地区的物候与另外一个地区的物候没有大的差异，那么，就可以判断这一地区的作物可以推广到另外一个地区。所以，利用物候资料来作物候区划，对于农作物的合理配置，很有意义。尤其是新开垦地区，以栽培何种作物为宜，须参考物候资料作判断，更为必要。

物候区划不仅应用于农业，对于地理学作自然区划时需要物候作为依据之处也很多。所以，研究自然地理，要重视物候观测记录，把它视为不可缺少的一种工作。

我国山区面积大于平原，有很大面积的山区土地可以利用，开发山区是我国发展农业的重要措施之一。但是，山区的气候状况对于农业经营的适应性，有很多地方还没有进行调查研究，即将来也不能在山区从山顶至山脚都设气象站以测定山顶、山腰和山麓的气候；但是，在山坡上从上到下种植植物作为物候指标，却是轻而易举的。今后若开展山区的物候观测，那么，山区垂直分布带的土地合理利用，就可以明白了。这一措施对发展生产是具有重大意义的。

物候学是介于生物学和气象学之间的边缘学科。在生物学方面，它接近生态学；而在气象学方面，则接近于农业气象学。但生态学——无论是植物生态学或动物生态学——和农业气象学又恰恰为我国生物学和气象学中薄弱的环节。所以，物候学从历史上看来在我国虽有悠久的历史，而有现代的物候记录年数不长，虽然如此，但近几年来已渐深入于群众之中，有若干单位和人民公社生产队连续几年进行观测，把物候资料已应用于作气候预报和虫害发生的预报，这是在实践过程中，从实践到认识，由认识到实践取得的效果。毛主席教导说："我们的提高，是在普及基础上的提高；我们的普及，是在提高指导下的普及。"[43]党中央和人民政府号召全国实现四个现代化，今后我国物候学的发展，唯有向现代化的目标前进，广泛开展物候观测工作，在普及的基础上提高。希望气象部门、农林部门、生物学的教学和业务部门等大力开展这项观测研究工作。为了迎接我国农业机械化的到来，物候学需要做大量的工作，推进物候的观测和研究应该是刻不容缓的事了。

注释

①卢鋈：《物候初步报告》，《气象杂志》第 12 卷，第 3 期，1936 年 3 月；宛敏渭：《中国之物候（1935—1936）》，《气象学报》第 16 卷，第 3—4 期合刊，中国气象学会编印，1942 年 12 月。

②竺可桢：《新月令》，《中国气象学会会刊》第六期，第 1—14 页，1931 年。

③《气象学报》第 30 卷，第 3 期，283 页，1959 年 8 月。

④《北京城内春季物候表》为竺可桢在北京地安门、北海公园或中山公园多年来的观察记录。

⑤《中国动植物物候观测年报》第 1 号（1963 年），中国科学院地理研究所编，1965 年 12 月，科学出版社出版。

⑥《中国动植物物候观测年报》第 2 号（1964—1965 年及附编）、第 3 号（1966—1972 年），中国科学院地理研究所编，1977 年 7 月，科学出版社出版。

⑦宛敏渭、刘秀珍编著：《中国物候观测方法》，1979 年，科学出版社出版。

⑧E. S. Wilkinson：*The Shanghai Bird Year*，第 30 页，1935 年，上海字林西报出版。

⑨⑲宛敏渭、刘明孝、崔读昌：《冬小麦播种期与生长发育条件的农业气象鉴定》，第 81—82，38、79 页，1958 年 12 月，科学出版社出版。

⑩中国农业科学院江苏分院：《小麦适宜播种期及预告的初步探讨》，《1960 年全国农业气象研究工作会议报告选辑》，第 227 页，中国农业科学院农业气象研究室编，1960 年 4 月。

⑪湖南省气象局农业气象研究室：《早稻形成空壳的农业气象条件的初步探讨》，《1960 年全国农业气象研究工作会议报告选辑》，第 61 页。

⑫福建省农业科学研究所等：《早稻孕穗开花乳熟期气象条件关系的初步总结》，《1960 年全国农业气象研究工作会议报告选辑》，第 133 页。

⑬江西省上饶气候站：《温度对双季晚稻开花影响初步总结》，见《1960 年全国农业气象研究工作会议报告选辑》，第 63 页。

⑭中国农业科学院、中央气象局农业气象研究室：《水稻获得高额丰产的几个农业气象问题》，《1960 年全国农业气象研究工作会议报告选辑》，第 17—27 页。

⑮⑯《气象学报》第 31 卷第 1 期，第 2 页。

⑰山西省农业科学院、山西省气象局农业气象研究室：《棉花主要品种的农业气象鉴定》，《1960 年全国农业气象研究工作会议报告选辑》，第 169 页。

⑱中国农业科学院陕西分院、陕西省气象局：《棉花播种期和出苗期农业气象预报方法研究总结》，见《1960 年全国农业气象研究工作会议报告选

辑》，第230页。

⑳宛敏渭：《小麦冻土播种与春季播种比较试验总结报告》。

㉑见1972年全国农业展览会的展览介绍。

㉒参阅《用毛主席哲学思想指导科学种田》第29—31页，中共大寨大队支委会，1972年3月农业出版社出版。

㉓根据"广东省农业学大寨展览馆"供给作者之一的材料，并参看1972年北京全国农业展览会的展览说明。

㉔㉕㉖《"赤脚气象员"手册》第52、58、36—39页，湖南省黔阳地区农业气象站编，1971年10月。

㉗《广州地区天气物候观察1961》，中国科学院中南地理研究所气候研究室编印，1962年5月。

㉘库里克：《物候预报编制法》第38页。

㉙卢建科：《苏联物候学的现状意义及其任务》（А. И. Руденко: Состояние, значение и задачи советской фенологии），《全苏地理学会会刊》第83卷，第2期，第144页，1951年，列宁格勒出版。刘明孝译，载《地理译报》第2期，第69页，1958年，科学出版社出版。

㉚此图由中国科学院王川同志根据1965年在北京颐和园观测北京春季的部分物候现象编制的。

㉛参阅倍杰芒：《地植物研究中的物候学观察方法》（И. Н. Бейдеман: Методика фенологических наблюдений при геоботанических исследованиях），1954年，列宁格勒出版。郑钧镛译，第73页，1958年，科学出版社出版。

㉜载1972年11月5日《日本科学新闻》。

㉝载1972年6月8日上海《文汇报》，据新华社北京1972年6月6日电讯。

㉞载西德1972年10月26日《图片报》。

㉟据1971年2月21日《日本科学新闻》报道。

㊱载1972年9月30日上海《文汇报》"日本的樱花"（新华社稿）。

㊲参考 T. H. Nash:《大气污染对植物的影响》，载《植物与大气污染（译文集）》，1976 年 8 月，江苏植物研究所印。

㊳云南林业学院环境保护研究组:《树木净化大气及植物监测的研究》。

㊴江苏省植物研究所:《城市绿化与环境保护》，1977 年 12 月，中国建筑工业出版社出版。

㊵中国科学院植物研究所二室:《环境污染与植物》，1978 年 3 月，科学出版社。

㊶W. W. Heck:《以植物作为大气污染的敏感指示物》，载《植物与大气污染（译文集）》，1976 年 8 月，江苏植物研究所印。

㊷云南林业学院环境保护组:《大气污染的植物监测》，1976 年。

㊸《毛泽东选集》，第三卷，第 819 页，1967 年，人民出版社出版。

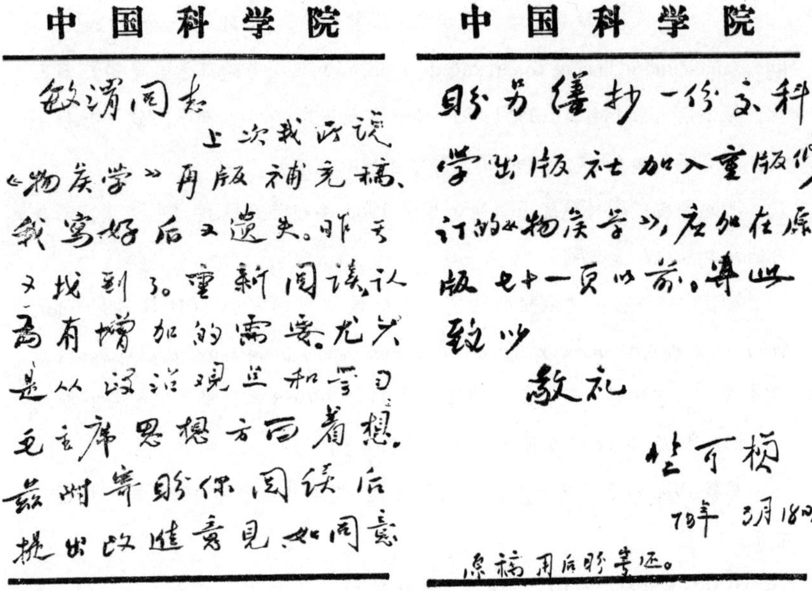

中国科学院

钦渭同志

上次我所说《物候学》再版补充稿、我写好后又遗失。昨天又找到了。重新阅读认为有增加的需要尤其是从辩证观点和学习毛主席思想方面着想。兹附寄给你阅读后提出改进意见如同意

中国科学院

则另誊抄一份交科学出版社加入重版修订的《物候学》，应加在原版七十一页以前。专此致以

敬礼

竺可桢

73年3月18日

原稿用后盼寄还。

附 录

中国温带、亚热带地区物候观测种类名单

一、中国温带、亚热带地区物候观测指标植物种类名单

（一）木本植物

1. 乔木

银杏 *Ginkgo biloba* L.

侧柏 *Thuja orientalis* L.

桧柏 *Juniperus chinensis* L.

水杉 *Metasequoia glyptostroboides* Hu & Cheng

加拿大杨 *Populus canadensis* Moench.

小叶杨 *Populus simonii* Carr.

垂柳 *Salix babylonica* L.

胡桃 *Juglans regia* L.

板栗 *Castanea mollissima* Blume.

栓皮栎 *Quercus variabilis* Blume.

榆树 *Ulmus pumila* L.

桑树 *Morus alba* L.

玉兰 *Magnolia denudata* Desr.

苹果 *Malus pumila* Mill.

毛桃 *Prunus persica*（L.）Batsch.

山桃 *Prunus davidiana* Franch.（*Persica davidiana* Carr.）

杏树　*Prunus armeniaca* L.

构树　*Broussonetia papyrifera*（L.）Vent.

合欢　*Albizzia julibrissin* Durazz.

洋槐　*Robinia pseudoacacia* L.

槐树　*Sophora japonica* L.

枣树　*Zizyphus jujuba* Mill

梧桐　*Firmiana simplex* W. F. Wight

白蜡　*Fraxinus chinensis* Roxb.

桂花　*Osmanthus fragrans* Lour.

紫薇　*Lagerstroemia indica* L.

苦楝　*Melia azedarach* L.

栾树　*Koelreuteria paniculata* Laxm.

2. 灌木

牡丹　*Paeonia suffruticosa* Andr.

紫荆　*Cercis chinensis* Bge.

紫藤　*Wisteria sinensis* Sweet.

木槿　*Hibiscus syriacus* L.

紫丁香　*Syringa oblata* Lindl.

（二）草本植物

芍药（白花的）　*Paeonia lactiflora* Pall.

野菊花　*Chrysanthemum indicum* L.

二、中国温带、亚热带地区物候观测指标动物种类名单

（一）候鸟

家燕　*Hirundo rustica gutturalis* Scopoli

金腰燕　*Hirundo daurica japonica* Temminck & Schlegel

楼燕　*Apus apus pekinensis*（Swinhoe）

黄鹂　*Oriolus chinensis diffusus* Sharpe

杜鹃　*Cuculus canorus* Linnaeus

四声杜鹃　*Cuculus miccropterus micropterus* Gould

豆雁　*Anser fabalis* subspp.

（二）昆虫

蜜蜂　*Apis cerana* Fab.

蚱蝉　*Cryptotympana atrata* Fab.

蟋蟀　*Gryllulus chinensis* Weber（= *Gryllus berthellus* Sauss.）

（三）两栖类

蛙　*Rana nigromaculata* Hallowell

三、农作物（可以观测主要粮棉等作物，名单从略）

四、气象水文要素

（一）霜

（二）雪

（三）严寒开始

（四）土壤表面冻结

（五）水面（池塘、湖泊）结冰

（六）河上薄冰出现

（七）河流封冻

（八）土壤表面解冻

（九）水面（池塘、湖泊、河流）春季解冻

（十）河流春季流冰

（十一）雷声

（十二）闪电

（十三）虹

（十四）植物遭受自然灾害

物候观测的记录项目

一、植物

（一）木本植物

1. 针叶类

（1）针叶发青期（出现幼针叶期）。

（2）开花期（散出花粉） 开始散出花粉期，终止散出花粉期。

（3）果实或种子成熟期（变为应有的颜色）。

（4）种子散布或果实脱落期 开始散布或脱落期，散布或脱落末期（松属为种子散布，柏属为果实脱落）。

（5）针叶秋季变色期 开始变黄色期，普遍变黄色期。

2. 阔叶类

（1）萌动期 芽开始膨大期，芽开放期。

（2）展叶期 开始展叶期，展叶盛期。

（3）开花期 花序或花蕾出现期，开花始期，开花盛期，开花末期，第二次开花期。

（4）果熟期 果实或种子成熟期，果实或种子脱落开始期，果实或种子脱落末期。

（5）新梢生长期 一次梢开始生长期，一次梢停止生长期；二次梢开始生长期，二次梢停止生长期；三次梢开始生长期，三次梢停止生长期。

（6）叶秋季变色期 叶开始变色期，叶全部变色期。

（7）落叶期 开始落叶期，落叶末期。

注：各发育期如不能全部观测，可以简化只观测记录芽开放期（最先开放的芽），开始展叶期（针叶树为幼针出现期），开花始期，开花盛期，开花末期，果实成熟期，秋季叶全部变色期，落叶末期。

（二）草本植物

（1）萌动期　地下芽出土期或地面芽变绿色期。

（2）展叶期　开始展叶期，展叶盛期。

（3）开花期　花序或花蕾出现期，开花始期，开花盛期，开花末期，第二次开花期。

（4）果实或种子成熟期　果实开始成熟期，果实全熟期，果实脱落开始期，种子散布期。

（5）黄枯期　开始黄枯期，普遍黄枯期，完全黄枯期。

注：各发育期如不能全部观测记录，可以只记录开花始期、开花盛期、开花末期。

二、动物

（一）候鸟

家燕　春季始见日期，秋季群飞离去日期（最好能记录初来营巢的日期，秋季离巢南去的日期）。

金腰燕　春季始见日期，秋季群飞离去日期（同家燕）。

楼燕　春季始见日期，秋季群飞离去日期（同家燕）。

黄鹂　夏季始鸣日期。

杜鹃　春季始鸣日期，夏季终鸣日期。

四声杜鹃（布谷鸟）　春季始鸣日期，夏季终鸣日期。

豆雁　春季飞来（由南向北飞）日期，秋季飞去（由北向南飞）日期。

（二）昆虫

蜜蜂　春季群飞日期。

蚱蝉　夏季始鸣日期，秋季终鸣日期。

蟋蟀　秋季始鸣日期，秋季终鸣日期。

（三）两栖类

蛙　春季始鸣日期。

三、农作物

禾本科粮食作物　播种、出苗、第三叶出现、分蘖、拔节、抽穗、开花、乳熟、蜡熟、完熟等日期。

棉花　播种、出苗、第三真叶出现、现蕾、开花、吐絮等日期。

农业田间工作的观察　耕地、耙地、施肥、灌水、中耕、培土、间苗、除草、收获等日期。

四、气象水文现象

霜　秋冬初霜日期；春季终霜日期；植物遭受霜冻，记植物名称、受害日期、受害程度（以%表示），以及植物在哪个发育时期。

雪　冬季初雪日期；春季终雪日期；冬季初次雪覆盖（物候观测点附近地面一半为雪掩盖，即为雪覆盖）地面日期；在平坦地面上雪覆盖，初次融化显露地面日期及完全融化（低凹处）全部露出地面的日期。

严寒开始　阴暗处开始结冰日期。

土壤表面冻结　土壤表面开始冻结日期（以大田为准）。

水面（池塘、湖泊）结冰　岸边有薄冰块，水面全部结冰日期。

河上薄冰出现　第一次结薄冰日期（一般岸边先结冰，以看岸边为准）。

河流封冻　开始形成冰的日期，最后完全封冻日期。

土壤表面解冻　土壤表面开始解冻日期（解冻后又结冰，以最早开始解冻日期为准）。

水面（池塘、湖泊、河流）春季解冻　开始解冻日期（解冻后又结冰，以最早开始解冻日期为准），完全解冻日期（完全解冻后又结冰，以最早完全解冻日期为准）。

河流春季流冰　流冰开始日期；流冰终了日期。

雷声　春季初次闻雷声日期，秋季或冬季最后闻雷声日期（每次闻雷宜记录）。

闪电　春季初次见闪电日期，秋季或冬季最后见闪电日期（每次闪电宜记录）。

虹　在一年里第一次见虹日期，最后见虹日期（每次见虹宜记录）。

植物遭受自然灾害　植物遭受严寒（春季解冻以后的低温）、干旱、洪涝、大风、冰雹等的严重损失，记录受害的植物名称、受害的日期、损害程度（以%表示），以及植物在哪个发育时期。

中国科学院

敏渭同志

关于北京自然历中所包涵物候材料春初与其余各季地点不同问题，只能"实事求是"，换言之，就是以题就加以说明，春初的物候是城内观测的，而季春以后是郊外观测的。这样有了交代就行了。此颂

近好

竺可桢

72年秋分前一日。

平年各日顺序累积天数表

一月	二月	三月	四月	五月	六月	七月	八月	九月	十月	十一月	十二月
1	32	60	91	121	152	182	213	244	274	305	335
2	33	61	92	122	153	183	214	245	275	306	336
3	34	62	93	123	154	184	215	246	276	307	337
4	35	63	94	124	155	185	216	247	277	308	338
5	36	64	95	125	156	186	217	248	278	309	339
6	37	65	96	126	157	187	218	249	279	310	340
7	38	66	97	127	158	188	219	250	280	311	341
8	39	67	98	128	159	189	220	251	281	312	342
9	40	68	99	129	160	190	221	252	282	313	343
10	41	69	100	130	161	191	222	253	283	314	344
11	42	70	101	131	162	192	223	254	284	315	345
12	43	71	102	132	163	193	224	255	285	316	346
13	44	72	103	133	164	194	225	256	286	317	347
14	45	73	104	134	165	195	226	257	287	318	348
15	46	74	105	135	166	196	227	258	288	319	349
16	47	75	106	136	167	197	228	259	289	320	350
17	48	76	107	137	168	198	229	260	290	321	351
18	49	77	108	138	169	199	230	261	291	322	352
19	50	78	109	139	170	200	231	262	292	323	353
20	51	79	110	140	171	201	232	263	293	324	354
21	52	80	111	141	172	202	233	264	294	325	355
22	53	81	112	142	173	203	234	265	295	326	356
23	54	82	113	143	174	204	235	266	296	327	357
24	55	83	114	144	175	205	236	267	297	328	358
25	56	84	115	145	176	206	237	268	298	329	359
26	57	85	116	146	177	207	238	269	299	330	360
27	58	86	117	147	178	208	239	270	300	331	361
28	59	87	118	148	179	209	240	271	301	332	362
29		88	119	149	180	210	241	272	302	333	363
30		89	120	150	181	211	242	273	303	334	364
31		90		151		212	243		304		365

注： 如系闰年则 2 月 29 日为第 60 天，自 3 月 1 日起顺序增加 1 天

怀念竺老

——回忆竺老对我国物候学的贡献

前中国科学院副院长竺可桢同志，1890 年出生于浙江省上虞县，1974 年 2 月 7 日在北京因病逝世，终年 84 岁。他是我国卓越的科学家。他的逝世是我国科学界一大损失。我曾受过他的教益，又在他的领导下工作多年，痛失良师，内心有无限的尊敬和怀念。他是我国气象学、气候学、地理学诸学科的奠基者之一，又是我国物候学研究的创始者，对于我国科学的研究和发展有卓著的贡献。就物候学而言，他致力于我国古代节候知识的考证和研究，有独到的见解，亲自坚持几十年的物候观测；倡导组织物候观测网，奠定物候观测研究的基础；撰写物候学的论文和专著，并指出我国物候学研究的方向和途径。直到晚年，还念念要把物候学应用于农业生产实践，其对党对人民的高度负责精神，令人崇敬。

对我国古代节候知识演变源流深入研究

我国的节气和物候的知识，起源于周、秦时代，在世界上为最早。竺老对我国古代二十四节气与物候知识的产生和演变的源流，都有所考证和研究。他作过概括的论述：二十四节气是根据天文和战国时代所观测的黄河流域的气候而定下来的，二十四节气的名称，如雨水、惊蛰、清明、谷雨、小满、芒种等都是与物候有关的。物候知识由于农业生产的进步和交通的发展，逐渐向前发展，我国古代劳动人民为了预告农时，创立一种称为物候的方法，这种方法已有两千多年的历史。古代农艺学家汉代的氾胜之、北魏的贾思勰等在其著作中，以物候用作掌握农时的指标。但到后来，不仅一般人对物候学的名称，极为生疏，就是农业生产者日常应用物候知识，也不知物候学的存在。物候与季节是不同的，依其演变的源流来说，在春秋时代，物候只限于一年中二至（冬至、夏至）、二分（春分、秋分）和立春、立夏、立秋、立冬八个节气。所以《左传》有"凡分、至、启、闭必书云物"等语。到了《礼记·月令》和《淮南子·时则训》里，已按二十四节气分载物候了。至《逸周书·时训》更进一步以七十二候来记物候，即每隔五天就记一个物候现象。如说："立春之日，东风解冻。雨水之日，獭祭鱼。惊蛰之日，桃始华。春分之日，玄鸟至……"其中立春、雨水、惊蛰、春分是季节；东风解冻，桃始华，玄鸟至等是物候。季节是跟太阳走的，是按天文定下来的，各个地方各个时代是一样的。譬如立春在北半球无论哪一处，哪一年统是在阳历的 2 月 4 日或 5 日，但是物候是以气候为转移的，如桃始华，不但因地而异，而且也因年度不同而异。农作物的耕耘收获，牲畜水产的滋生繁殖，统随气候为依归。竺老作了如上精辟的论述，明确指出测定农时根据节气，还不如根据物候为合理，这正是辩证唯物主义的论点。

他并且指出自唐、宋以来，记日记和游记之风盛行，物候的记录不限于节气日子，物候遂与节气分离，从此日记、游记和诗文里有很多物候的记述，就不限于与农业有关了。

坚持多年物候观测实践，老而弥勤

竺老治学谨严，重视实践，爱好大自然，终身亲自从事物候观测，老而弥勤。其在一个地方观测物候年代较长的，有南京与北京两地。在南京自 1921 至 1931 年间，除中间有两年（1926—1927年）春季缺测外，先后有 9 年的南京物候记录。观测的种类：植物8 种，候鸟 2 种。解放后，在北京从 1950 年起，观测了植物 5 种，候鸟 2 种，自然现象 1 种，直至他逝世前一年（1973 年），已是 83岁高龄，犹孜孜不倦，完成了北京 24 年的物候记录。这是我国一个地方、出自一人之手，观测年代最长的物候记录，弥足珍贵。他这种生命不息、战斗不止的治学精神，是值得后人学习的。

竺老在北京和南京两地定点常年观测的物候记录，已在《物候学》中作了分析，容在下面叙述。

物候有南北的差异、东西的差异、高下的差异和古今的差异。竺老每到一地即注意物候的差异，并结合生产上的问题来分析研究。他于 1964 年 3 月底至 5 月中因公至各地视察，北至长春、大连，南至广州、从化，中经上海、杭州、无锡等地，沿途对山桃、连翘、榆叶梅、玉兰、紫丁香、紫荆、苦楝等开花盛期，见到即记录。他所经之地海拔除长春（216 米）外，均在100 米以下，同时经度的影响也不大，所以物候差别大部由于南北纬度的差距。以苦楝为例，从化比无锡开花盛期早 32 天，纬度差 8 度，适为一个纬度差 4 天。但以北京、上海、杭州三个地方的玉兰、紫丁香、紫荆的开花盛期相比，则每一纬度相差 3.1天至 3.6 天。北京若与长春相比，以山桃为例，则每一纬度只相差 2.3 天。虽然长春海拔高出北京 150 米。从此可以得出结论，在我国愈向北，则纬度一度物候之差，春天物候期推迟日数逐渐减少。这一结论，竺老认为从笔者所作的桃始花（1935—1936年）等候线图得到证实。从该图上可以看出等候线在华南至长江以南一段为最密，自长江流域至华北等候线即疏散。

竺老指出物候之所以有东西的差异，乃由于离海远近或受海洋影响强弱的关系。就海水对附近的地方来说，春天是一个冷源，秋天是一个热源。他以 1964 年北京与大连两地春季连翘、榆叶梅等的开花盛期相比较，大连的纬度在北京之南一度，花期却要迟一星期至 10 天，其所以如此乃由于大连靠海，春季受海水温度低冷的影响，使其季节推迟，这对于农艺园艺统是十分重要的因素。

如以山东的烟台与济南相比，烟台的纬度虽比济南向北几乎一度，但在春天 3 月至 5 月间的气温，烟台比济南要低4℃或5℃之多。到秋后则烟台温度反比济南为高。烟台以产苹果著称，济南也产苹果，但不如烟台那样丰收而味美。原因之一就是由于济南苹果开花在清明前后，正值常有寒潮大风的时候，易受摧残。烟台春晚，苹果开花要迟到谷雨以后，可以避免寒潮。不但华北如此，在华南凡是邻近海洋局部地区在春夏期间尤其是 4 月至 6 月三个月中，受海水冷源的影响，温度统比离海较远地方为冷。如宁波与九江虽在同一纬度上，但 4 月至 6 月三个月的平均气温，宁波要比九江低2℃以上，这样沿海地区水稻下种的日期必须延迟二三星期，就影响水稻的发育。

物候有高下的差异，一般的规律，在春、夏植物的抽青、开花等越到高处越迟；到秋天，如乔木的落叶，冬小麦的下种等，则越到高处越早。竺老有亲身经历的记述：他于 1961 年到川北阿坝藏族自治州旅行，于 6 月 3 日早晨从阿坝县出发，路过海拔 3600 米处，水沟尚结冰。行 244 公里至米亚罗海拔 2700 米处，已入森林带，此处已可种小麦，麦高尚未及腰。更前行 100 公里，在海拔 1530 米处，则小麦已将黄熟。更下行至茂汶海拔 1360 米处，则正忙于打麦子。晚间到灌县海拔 780 米处，则小麦早已收割完毕。他在汽车行程一日之内，看到了整个地面上几个季节的农事。他认为物候高下的变化，并不能如霍普金司物候定律所确定的每上升 400 英尺（约 121.92 米）相差 4 天那么准确。在地形复杂地区，唯有进行实测。

竺老又提出物候的早迟随海拔的高低而有变化的规律，也有例外，如冬季早晨近地面有一层二三百米厚的逆温层的问题。他认为逆温层在北京冬天早晨晴朗天气是普遍存在的，逆温层之所以存在是由于冬天夜长，地面放出辐射过多而冷却，因此反而从地面吸收热量，如靠近山岭区域的无风晚间，四周冷空气下沉到地面，使山腰的气温反而比山麓为高。这样丘陵山岳区春天的物候山麓比山腰迟。园艺农艺家常利用这一事实在山腰而不在山麓种植果树。如山东胶东的大泽山是一条东东北向西西南走向的丘陵，高不过 500—700 米。在大泽山南坡，山麓因冬季霜重不能种果树，但到 50 米高度就可以种桃树或苹果，到了 100 米则可种怕霜的葡萄。竺老强调说，在丘陵区种植果树，物候学的知识是可以加以利用的。

倡导组织物候观测网与出版物候年报

竺老不仅以身作则，亲身观测物候，而且对于发展我国物候学

的研究，曾主持组织物候观测网，于 1934 年开始进行物候观测，
1937 年因抗日战争爆发，观测停顿，仅有 1934—1936 年三年的物
候记录。其观测结果已有报告发表[①]。解放后，中国科学院地理研
究所在竺老的领导下，于 1961 年秋季与中国科学院植物研究所北
京植物园及动物研究所有关方面会商拟定物候观测种类和物候观测
方法草案。1962 年春季，地理研究所与北京植物园协商选定颐和园
为北京物候观测点，进行物候观测。这年春，竺老在百忙中曾亲临
颐和园指导工作。地理研究所并会同植物研究所北京植物园共同发
起函请各省市的有关单位参加协作。对于物候学与气候学的关系，
竺老曾作了浅显易懂的解释："物候学和气候学相似，都是观测各
个地方、各个区域，春、夏、秋、冬四季变化的科学，都是带地方
性的科学。物候学和气候学可说是姊妹行，所不同的，气候学是观
测和记录一个地方的冷暖晴雨，风云变化，而推求其原因和趋向；
物候学则是记录一年中植物的生长荣枯，动物的来往生育，从而了
解气候变化和它对动植物的影响。"他认为物候学是侧重在生物学
研究的学科。物候观测在"文化大革命"期间多数单位停顿了，他
极为关心，曾于 1972 年 9 月间写信给地理所党的领导希望能恢复
起来。他对于物候学研究的重视，由此可见。

竺老认为我国的物候知识，是来源于我国劳动人民的生产实
践，而发展这门学科，就不能囿于一地一时的观测，必须发动组
织与生物学有关的单位和院校共同观测记录，首先是研究用于农
业生产上的问题，以及物候规律性的研究。物候观测网现由研究
生物的有关单位和高等院校、中学组成，一直延续至今。

我国现在的物候观测网的观测记录，每半年与负责联系单位
交换一次，研究成果则不定期交流。竺老曾满意地指出："这样不

设专人，由科技或教学人员兼任，不开支经费，只要少数邮费，组织起物候观测网，十多年来能坚持下去，取得大量物候记录，还有研究成果，成绩是巨大的。这只能在我国社会主义制度下，有如许的物候学爱好者和具有高度政治觉悟的人，才能做到，实属难能可贵。"我们在竺老逝世后，把他对我国物候观测网的高度评价，公之于众，有其重要的意义。

竺老对于物候记录的交流，曾提出印行一种年刊，定名为《中国动植物物候观测年报》，当编辑第 1 号物候年报时，亲自审定，早于 1965 年 12 月出版。"文化大革命"中他已是 82 岁高龄，当知道物候年报又要付印，他在信中说："这样庶几工作人员积年累月所费精力不致付诸流水，闻之至为欣慰。"又说："若工作人员中并有所发现可作为预报虫害发生之用，也可以作为《物候学》修订时举例之用。"这是他对参加协作的单位得出的成果，希望予以宣传。他并关心物候观测网的问题，还念念不忘，作了指示（见 1972 年 12 月 3 日影印信，见本书第 26 页插图）。

《中国动植物物候观测年报》是他命名的年刊，第 2、第 3 两号年报，在他逝世后才陆续出版，生前竟没有及见，深为遗憾！

撰写专著论述物候学的应用和研究

竺老于 1931 年发表《论新月令》一文，阐述我国古代节气与物候知识的嬗变，以他在南京 1921—1931 年（1926—1927 年缺）所观测的南京物候记录为例，论述物候是地区性的，随气候和其他自然因素的每年变化而有所变化的。用物候预测农时，比较根据古代的二十四节气在某一固定日期从事耕种，更为合理。

他认为各地必须进行物候观测，制定地方性的新历，用以预测农时。

当 1962 年物候观测已经在北京进行，并即将在各省区开展工作之际，竺老高瞻远瞩提出对物候学的观测意义及其在生产上的应用，应为文作公开介绍，约笔者分工合写《物候学》一书。他以渊博的学识亲自撰写我国古代的物候知识、各国物候学的发展和物候学的定律等，由笔者撰写与工作有关的预告农时的方法和我国发展物候学的展望等。其时物候观测的记录尚少，有的只得暂时引用国外资料举例。1963 年初版出书，预定日后重行修订。1973 年修订再版出书，竺老除修改原写的几章外，增加了《一年中生物物候推移的原动力》一章，又增写了《物候学与防止环境污染及三废利用》一节。是书两次出版，虽分章写成，但均经竺老审阅全稿，笔者获得教益良多。

中 国 科 学 院

最为宝贵的，竺老在北京和南京两地的多年物候观测记录，经过分析，北京和南京两地植物和动物的物候现象的先后出现次序，都有规律可寻。

两地同样物候现象的出现，南京都早于北京，这是一般规律。而两地柳絮飞都比洋槐花盛开早 7 天，并且这两种现象的出现南京比北京都早 9 天。

又两地燕子始见后，都超过 32 天，布谷鸟始鸣；并且这两种鸟出现，北京比南京都迟 18 天。这是从物候观测的多年记录中，揭露了物候变化，有如此的规律性。

再从北京 24 年（1950—1973 年）的物候记录来分析，不但各种物候现象的变化每年有一定的先后顺序，而且各年各种季节现象出现早迟的变化，是有周期性的。如 1957 年和 1969 年物候现象都推迟，这几年适为太阳黑子活动最多年，约为 11 年上下一个周期。20 世纪以来，物候现象的周期性波动与太阳黑子变动多少有关，即太阳黑子最多年为物候特迟年，苏联、日本的物候记录也是如此。唯英国马加莱总结分析马绍姆家族 19 世纪记录诺尔福克地方的物候所得出的结论是：从 1848—1909 年时期，太阳黑子数多的一年为物候特早年，适相矛盾。这表明太阳黑子多少与物候虽有关系，但影响是复杂的，其机制尚待研究。

《物候学》新增加的一章，是竺老晚年学习毛主席思想结合物候学研究而写的心得体会。他用唯物辩证法的观点，论述了物候的内在因素和外在因素。他认为一年一度的生物物候现象，是生物发展的一个阶段，若是以为完全由于一年一度的寒暑循环，就是说由于外力的推动，那就是形而上学的看法，而辩证法的宇宙观则认为要从事物的内部，从一事物对他事物的关系去研究事物的发展，正如毛主席在《矛盾论》中指出："事物发展的根本原因，不是在事物的外部而是在事物的内部，在于事物内部的矛盾性。"在热带里一年中无四季之分，又少昼长夜短之别，可是在那里的动植物一样地有循环节奏。可见热带植物的生长，并不是由于外因的关系。

植物的开花是由于内在因素，植物内部有一种成花激素，这种激素在植物体内以两种状态存贮着称为 P_1 与 P_2。P_1 对于短昼植物开花有促进作用，而对于长昼植物则起抑制作用，P_2 则相反。植物在黑暗中时间久则 P_2 变成 P_1，用红光照射，也可以互相转化。竺老对于这种互相转化，他以矛盾法则来解释，他认为这就是毛主席在《矛盾论》中所指出的矛盾同一性的第二种意义："事情不是矛盾双方互相依存就完了，更重要的，还在于矛盾着的事物互相转化，这就是说，事物内部矛盾的两方面，因为一定的条件而各向着和自己相反的方向转化去了。"在物候工作中有很难解答的问题，如燕子为什么每年春天似曾相识地归来？他根据恩格斯对于生命秘密的看法和生物进化依据的看法来阐述这个问题。经生理学家和生态学家的研究，知道动植物随昼夜的循环往复，有一种近于 24 小时的节奏，这一节奏的机制是内在的，有机体能很精密地衡量时间。实验证明，候鸟日中是以太阳位置来导航，而晚间是以星宿位置来导航的。据说自第四纪冰川时代起候鸟的祖先已经每年春来秋往，已有数百万年至一千万年了。在这样长的年代中候鸟细胞中 24 小时节奏的机制已与它一年一度的迁徙习惯联合起来成为一种先天感觉的技能，而这种技能的机制存在于细胞之中。他在这一章提出从生理学、遗传学、生物化学等方面探索物候变化的蕴奥。

竺老主张物候学的理论研究，应深入到动植物内部机理的研究，这对于物候学的发展是有指导意义的。

竺老这一章是在 1965 年春天写成的，当时增加在《物候学》修订再版书中，送交科学普及出版社付印，"文化大革命"运动中书稿被毁。时隔 7 年多，他在 1973 年 3 月 17 日找到原稿，即以此稿原文加在 1973 年再版书中（见 1973 年 3 月 18 日影印信，见本书第 130 页插图）。

又竺老在 1973 年再版书中新增的一节，列举欧美和日本环境污染的大量事实。污染形成了严重的社会问题，直接威胁和损害广大人民的身体健康，防止环境污染已是当务之急。我国人民遵照党的独立自主，自力更生的方针，大力进行社会主义的经济建设。正在有计划地开始进行预防和消除工业废气、废液、废渣

中 国 科 学 院

钧渭同志

　　收到你 9 月 14 日来函，知道你预备把物候观测年报，第二号和第三号以及植物观测图谱劳我处，要我审查校园圈。目今我国年迈，无此精力。千万不要把这类琐事加我负担。实际我也提不出什么意见。

　　对于"物候学"重印书我也要很快把左该修改之处提出，以便付印时即可校正。我看了以后认为有四处地方左该增加或改正。

左据州之意也下：

28页 第九行下 加一段：—

清代海宁词人蒋鹿潭（公历 1792—1841年）曾说："废黄河两岸天墨色，地黑气，见哭情"两以往浮中有句云，"黄河女直侵南东，我道神功胜禹功。……还借诗文之意 欢然于地划出图"蒋鹿潭不但说南北物差，而且民情之不同。（注）

（注）《蒋鹿潭全集》第521页，1959年中华书局出版

中 国 科 学 院

第122页 第三行下加一段 如下：—

解放初期 北京城内 乌鸦喜鹊，到处繁殖。
每当春日春早上，在枕上轰可听到喜鹊狂鸣。有唐
诗人孟浩然 所谓 春眠不觉晓，处处闻啼鸟 减。
早晨乌鸦上万 从城南方向飞向城北；刊傍晚四
五点又从城北飞回。但到近年来 北京城内已
经是鸦雀无声了。原因是 城内各处大量施用
杀虫药剂 如 666，DDT之类，鸦雀吃了泥土
中的虫类，也就中毒而死。我 既而已经注意到
环境保护的重要性，已把环境保护 提到
阶级斗争上来(注)。广大群众与科技人员并已在努力
工作，恢复北京自然环境的原来面貌 只是时间
问题而已。 第9项表中加 1973年数四 就在最后一行

1973 3/7 3/24 3/29 4/4 4/23 4/25 5/3

第75页 第7行 "反而得到烟叶丰收" 加 烟叶的
三个字

(注) 见李光念付总理 1973年8月19日 人民大会堂报告

中 国 科 学 院

你阅后 如有要原稿谭改的意见 盼你把
另纸抄给我一份。这样也免再以有你亲佳经之劳。
附给你信前二页 盼你阅后转送 科学
出版社，我不再重缮另函送给他们。

此致 敬礼

竺可桢

73年 9月19日

污染环境的工作，兴利除害。他认为："如何对污染问题能'见微知著'防患于未然呢？在这方面，物候学的观测方法不失为一个良好的助手。如把物候观测点、网建立起来，可以起到一定的监视环境污染的作用。"他并指出："在环境污染发展的时代，物候观测工作亦应当提到日程上来。"他在《物候学》再版出书后，还念念不忘，又于 1973 年 9 月间写了补充材料（见 1973 年 9 月 19 日影印信），表现了为人民服务的高度热情。

笔者在修改这本书初版原写的部分，引用竺老亲自观测的北京 23 年的物候记录（1973 年的物候记录，当时未统计在内）和北京其他的物候记录，制作"北京的自然历"，又增加《北京四季的划分》等节，阐明以自然历预测农时的重要意义和必要性。对于北京的自然历中的引用的物候资料春初与其余各季地点不同，承竺老指示只能"实事求是"加以说明（见 1972 年秋分前一日影印信，见本书第 139 页插图），并提示很多宝贵意见，由此可见他治学严谨的态度。关于北京地区几个观测点，距离不远，观测记录有无多大差异问题，经最近三年的对比观测（北郊与颐和园），得出的结果是有的开花期相同，有的差异不大，证实两个距离不远的不同地点的物候观测记录，是可以互用的。现有很多地区和单位按照竺老的倡议，制作各个地区的自然历与四季的划分，这是继承他的遗愿，为了实现现代化，便于各地预测农时，提供新的依据。饮水思源，更觉竺老对科学预见的正确。

竺老博览群书，常从经、史、子、集以至方志、日记、游记等搜集有关我国物候的记载，研究历史时期的气候变迁。他最后二十多年中在这方面的主要研究成果有两篇论文，1961 年完成了《历史时代世界气候的波动》，在该文中详细论证了古今物候对研究气候的重要性。1972 年他已 82 岁高龄还力疾修订完成了《中国五千年来气候变迁的初步研究》。竺老曾面告笔者，这篇论文先写成英文，后又写成中文，从搜集资料、计算、画图、写稿到抄稿全由他一人之手完成。这种勤劳治学的精神，更值得后人向他学习的。这篇论文是根据历史和考古发掘材料，证明我国在近五千年中，最初二千年，就是从仰韶文化时代到河南安阳殷墟时代，年平均温度比现在高 2℃ 左右。在这以后，年平均温度有 2—3℃ 的摆动，寒冷时期出现在公元前 1000 年（殷末周初）、公元 400 年（六朝）、公元 1200 年（南宋）和公元 1700 年（明末清初）时代。汉唐两代则是比较温暖的时代。温度的高低考虑古代的竹子、梅花、桔子和荔枝分布地区的变化，更重要的是根据一个地方当代物候的数值，如以江河的结冰与开冻，地面上降霜与结冻，植物的发芽、出叶、开花和结果，候鸟的春来秋往。其日期测定后，与古代同样物候数值相比较，就能计算出古今温度的差异。这是全世界性的气候变迁，气候变冷时先从太平洋西岸开始，由日本、中国东部逐渐向西移到西欧。温度回升时则自西向东行。他用历史材料分析所得的结果，与丹麦哥本哈根物理研究所以放射性同位素（O^{18}）测定格陵兰岛上近万年来冰川结成冰时水的温度相比，大致符合。这证明他的结论是正确的。竺老在这篇文中说明，战国时代所定的二十四节气，那时把霜降定为阳历 10 月 24 日，现在开封、洛阳（东周都）秋天初霜在 11 月 3 日至 5 日左右。雨水节战国时定在 2 月 21 日，现在开封和洛阳一带终霜期在 3 月 22 日左右。这样看来，现在生长季节要比战国时代短三四十天。这一切表明，在战国时期，气候比现在温暖得多。这篇重要论著，对气候变迁提出了研究方法，为国内外科学界人士所称颂。

竺老提倡朴素、认真、实事求是、艰苦奋斗的好学风，坚持治学严谨、革故创新的好思想、好作风，对于祖国的科学事业有不可磨灭的贡献，是我国科学工作者的共同学习的榜样。他在物候学研究中的成就，他对我国物候学发展所起的作用，他为物候学的研究指明的方向，永远留在我们心中。

我们纪念竺老，应以他为榜样，要学习和继承他追求真理，不断前进的精神；要学习和继承他实事求是，严谨治学的精神。策励自己，努力工作，为实现科学技术现代化贡献力量。

注释

①卢鋆：《物候初步报告》，载《气象杂志》第 12 卷第 3 期，1936 年 3 月；宛敏渭：《中国之物候》，载《气象学报》第 16 卷，第 3—4 期合刊，中国气象学会编印，1942 年 12 月。

附　志

本书于 1973 年秋出版后，竺老（可桢）即相约作进一步校订，为再版准备。第 29 页引用龚自珍语的一段及其他多处，都是竺老亲自补充、改正的。不料未竟全功，遽于 1974 年 2 月逝世。现趁重印机会，除增加竺老亲身观测的 1973 年北京物候记录外，将全书详加校阅，作了修订补充。并附载《怀念竺老》一文，略述竺老对我国物候学的贡献。本书出版后，承蒙广大读者给予帮助，谨致衷心的谢意。

宛敏渭

1979 年 1 月于北京